O Eletromagnetismo e a Física envolvida no universo

O Universo do Eletromagnetismo

ÍNDICE
Capítulo 1: Introdução ao Eletromagnetismo
Capítulo 2: Fundamentos da Teoria Eletromagnética
Capítulo 3: Aplicações do Eletromagnetismo
Capítulo 4: Eletromagnetismo na Tecnologia
Capítulo 5: Eletromagnetismo e Luz
Capítulo 6: Eletromagnetismo e Astronomia
Capítulo 7: Eletromagnetismo e Teoria da Relatividade
Capítulo 8: Revoluções no Pensamento Científico

Capítulo 9: Eletromagnetismo e Física Moderna
Capítulo 10: Desafios e Desenvolvimentos Futuros
Capítulo 11: Conclusões dos Estudos e da Pesquisa
Capítulo 12: Encerramento

Bem-vindo, caro leitor!
É com imenso prazer e entusiasmo que o convido a embarcar em uma jornada fascinante pelo misterioso e poderoso universo do eletromagnetismo. Neste livro, "O

Eletromagnetismo e a Física Envolvida no Universo", não apenas exploraremos os fundamentos desta área empolgante da física, mas também desvendaremos os segredos que moldam a realidade em que vivemos. Prepare-se para uma experiência de aprendizado envolvente, onde cada capítulo será como uma janela para um novo entendimento sobre a natureza do mundo ao nosso redor.

 O eletromagnetismo, como você descobrirá, é muito mais do que conceitos abstratos e fórmulas matemáticas. Ele é a força que mantém este universo em equilíbrio, a razão pela qual a luz brilha e a eletricidade flui. Desde o instante em que você acende a luz de seu quarto até a conexão que você estabelece com a internet, tudo é permeado por interações eletromagnéticas. Neste livro, seremos guiados por um relacionamento íntimo entre teoria e prática, demarcando o impacto profundo que o eletromagnetismo tem em nossa vida cotidiana e nas tecnologias que moldam a era moderna.

 Nos primeiros capítulos, lançaremos luz sobre a história do eletromagnetismo, explorando os passos decisivos que nos levaram a compreender essa força fundamental. Você aprenderá sobre os pioneiros que pavimentaram o caminho, como Charles-Augustin de Coulomb e James Clerk Maxwell, cujas contribuições foram cruciais para a formação do conhecimento atual. À medida que nos aprofundamos nas leis que regem o eletromagnetismo — desde a força que um ímã exerce até como a eletricidade é gerada e utilizada —, a beleza desse campo científico começará a se revelar. Através de diagramas e explicações claras, mostraremos como esses conceitos se encaixam para formar o complexo mosaico de nossa existência.

As aplicações práticas do eletromagnetismo, sem dúvida, prenderão sua atenção. Em um mundo onde a tecnologia avança a passos largos, questionamo-nos: como as inovações em eletromagnetismo afetam a nossa vida diária? Neste livro, abordaremos isso de maneira meticulosa, expondo o papel fundamental que o eletromagnetismo desempenha nos aparelhos que utilizamos, na comunicação que estabelecemos e nas energias que consumimos. De micro-ondas a smartphones, verá como essas técnicas eletromagnéticas fazem parte de nosso cotidiano, com um toque de magia, muitas vezes invisível, mas sempre presente.

Outros capítulos mergulharão em tópicos intrigantes, como a interconexão entre eletromagnetismo e luz e a maneira como essas forças interagem para nos fornecer uma compreensão mais profunda da natureza. Discutiremos o espectro eletromagnético, explorando desde as ondas de rádio até os raios gama, revelando a dualidade da luz como onda e partícula. Ao refletir sobre como a luz é fundamental para o nosso entendimento do universo, seremos levados a considerar nosso próprio lugar dentro dele.

Além disso, levaremos você a uma viagem cósmica, onde o eletromagnetismo se entrelaça com a vastidão do espaço. Você descobrirá como a luz das estrelas e os campos magnéticos do cosmos influenciam não apenas a astronomia, mas também a nossa própria existência na Terra. Viveremos os dilemas fascinantes da física moderna, incluindo a ligação entre a relatividade de Einstein e as interações eletromagnéticas, que nos levarão a novas visões sobre a complexidade do universo.

Por fim, à medida que nos aproximamos das conclusões, refletiremos sobre as implicações desse conhecimento para o futuro. O eletromagnetismo está intrinsecamente ligado aos desafios que enfrentamos, desde a busca por novas fontes de energia até a frente da investigação científica contemporânea. É com grande esperança e expectativa que eu, Ezequias de Souza Ferraz Júnior, encorajo você a explorar as páginas deste livro e mergulhar profundamente na complexidade do eletromagnetismo.

Prepare-se para um aprendizado envolvente, onde cada parágrafo tece a trama de um fascínio inexplorado. Que esta obra inspire não apenas sua mente, mas também sua curiosidade em relação ao cosmos e ao intricado funcionamento do universo.

Sinta-se à vontade para questionar, aprender e, acima de tudo, sonhar, pois é assim que os verdadeiros exploradores da ciência avançam.

Vamos começar esta jornada juntos!

Assinatura:

Ezequias de Souza Ferraz Júnior

Capítulo 1: Introdução ao Eletromagnetismo

O eletromagnetismo é uma das forças mais fundamentais da natureza, atuando em diversas esferas do nosso cotidiano e moldando a forma como interagimos com o mundo ao nosso redor. A definição desse conceito não se limita apenas ao estudo das interações elétricas e magnéticas, mas se estende a uma compreensão mais profunda do papel que essas forças desempenham em fenômenos que vão desde a iluminação das nossas casas até a transmissão de dados via redes sem fio.

Imagine, por um momento, o quanto as tecnologias que usamos diariamente dependem do eletromagnetismo. Quando acendemos uma lâmpada, estamos testemunhando uma inefável dança de elétrons que flui através de fios, criando uma luz que ilumina o espaço. Quando utilizamos nosso smartphone para enviar uma mensagem instantânea, o eletromagnetismo está novamente em ação, facilitando a comunicação ao redor do globo a velocidades inacreditáveis. A relevância desse campo na física e na tecnologia é imensa, e entender como ele se manifesta é crucial para apreciarmos as inovações do século XXI.

Mas, o que exatamente é o eletromagnetismo? Em essência, trata-se de um fenômeno físico que descreve a interação entre partículas carregadas eletricamente. Sua importância vai além das fórmulas e das teorias: está incrustada em cada aspecto de nossas vidas. Ao refletirmos sobre isso, somos levados a considerar nosso relacionamento diário com a eletricidade, magnetismo e suas aplicações práticas. Quantas vezes nos deparamos com aparelhos eletrônicos que tornaram nossas vidas mais fáceis? Quais dessas invenções poderíamos imaginar sem a presença da força eletromagnética? Essas questões são fundamentais e nos convidam a pensar sobre a ubiquidade do eletromagnetismo.

O histórico das descobertas eletromagnéticas nos leva a um passeio fascinante pelas contribuições de cientistas brilhantes que abriram as portas para um novo entendimento da física. No século XVIII, Charles-Augustin de Coulomb lançou as bases da eletrostática, enquanto André-Marie Ampère e Michael Faraday, cada um à sua maneira, ajudaram a decifrar os segredos das interações elétricas e magnéticas. Esses pioneiros não só elucubrarão sobre fenômenos observáveis, mas também moldarão uma nova perspectiva que culminará na criação das célebres equações de Maxwell — um marco que unificou eletricidade e magnetismo em uma única teoria coesa.

A ligação entre eletricidade e magnetismo não apenas revolucionou o pensamento científico do século XIX, mas também pavimentou o caminho para uma era de inovações tecnológicas. Compreender essa evolução não é apenas uma questão de olhar para o passado, mas é também um convite para explorar as soluções práticas que a ciência trouxe para os desafios da vida moderna.

E quais são essas soluções? O papel do eletromagnetismo na tecnologia contemporânea é irrefutável. Desde a operação de motores e transformadores até o funcionamento de dispositivos eletrônicos cotidianos, como computadores e equipamentos médicos, os princípios eletromagnéticos fazem o mundo girar de maneira silenciosa, mas eficaz. Ao deliciar-se com uma série cativante na televisão ou ao se conectar com pessoas através de videoconferências, os fenômenos eletromagnéticos estão sempre ao fundo, suportando a tecnologia que transformou nossas interações sociais e profissionais.

Ao longo deste livro, exploraremos os muitos aspectos do eletromagnetismo, desde seus fundamentos até suas aplicações mais inovadoras. Este primeiro capítulo tem o objetivo de criar um ambiente propício para a curiosidade do leitor, que será fundamental nas próximas seções. Estamos apenas começando uma jornada que nos conduzirá a várias descobertas e entendimentos profundos sobre como essa força invisível atua em nossos dias.

Conforme seguimos nesta exploração, prepare-se para uma visão abrangente da estrutura essencial do eletromagnetismo e suas implicações nas tecnologias modernas. O seguinte seja um convite à admiração pela beleza subjacente do cosmos, desconcertante e intrigante, sempre nos desafiando a fazer perguntas e a buscar respostas.

O campo do eletromagnetismo não surge apenas como uma curiosidade científica; ele estabelece as bases de amplas aplicações que moldam nossa sociedade. Quando olhamos para a história das descobertas eletromagnéticas, percebemos um alinhamento quase poético entre a determinação de mentes brilhantes e as curiosidades que motivaram suas investigações. Voltando ao século XVIII, é impossível não reconhecer o impacto de Charles-Augustin de Coulomb, que se propôs a entender a natureza das forças elétricas. Ele não apenas introduziu a famosa Lei de Coulomb, mas também deixou um legado que incentivou muitos a seguir em frente, explorando as inúmeras facetas da eletricidade.

À medida que avançamos no tempo, encontramos André-Marie Ampère, cuja paixão pela física o levou a explorar como os elétrons se comportam em um campo magnético, eventualmente criando a Lei de Ampère. Nesse mesmo espírito de inovação, Michael Faraday surge como um gigante no laboratório, elucidando a indução eletromagnética — uma descoberta que não só nos permitiu entender a geração de eletricidade, mas também originou inovações que viriam a revolucionar sistemas de energia elétrica em todo o mundo.

Ao longo do século XIX, o conceito de unificação emergiu como uma pedra angular do eletromagnetismo. As célebres equações de Maxwell, frutos de sua análise e síntese sobre o comportamento das forças eletromagnéticas, transformaram radicalmente o panorama científico e tecnológico e abriram caminhos antes inimagináveis. A partir desse momento, a interação entre eletricidade e magnetismo não só deixou de ser uma mera observação empírica, mas tornou-se uma teoria meticulosamente elaborada, com implicações que afetariam cada faceta da vida humana.

O que pode ser mais intrigante é como essas teorias se traduzem em inovações palpáveis. O eletromagnetismo, uma vez que se incorpora ao design de motores elétricos, possibilitou a criação de maquinário que hoje consideramos essencial. Olhe ao seu redor: seus dispositivos domésticos estão quase todos integrados em algum nível à dinâmica eletromagnética. Desde a potência que mantém sua geladeira funcionando até a tecnologia que faz sua televisão exibir imagens vibrantes, o eletromagnetismo é o fio invisível que conecta toda a nossa experiência moderna.

A dinâmica prática do eletromagnetismo transcende sua aplicação em dispositivos eletrônicos; adentra também em áreas como a comunicação. Sinais de rádio, tanto utilizados em transmissões de notícias quanto em conexões Bluetooth, são exemplos claros de como a manipulação de campos eletromagnéticos corre ao longo do nosso cotidiano. Compreender como esses princípios se aplicam à comunicação moderna não é apenas fascinante — é essencial para qualquer um que queira compreender as nuances da tecnologia atual.

À medida que nos aprofundamos neste livro, você encontrará não apenas um relato dos princípios fundamentais do eletromagnetismo, mas também um convite para explorar a beleza e a complexidade do universo ao nosso redor. Ao final desse capítulo, a intenção é que você não só reconheça a importância não aparente do eletromagnetismo, mas também comece a visualizar sua presença constante nas nuances do seu dia a dia.

A jornada pelo mundo do eletromagnetismo está apenas começando. Prepare-se para desvendar mistérios, explorar aplicações e, mais importante, cultive uma perspectiva renovada sobre as forças que sustentam o nosso universo. O horizonte de conhecimento se amplia a cada passo, e cada novo entendimento se entrelaça com o complexo tecido da vida moderna. Vamos juntos nessa exploração inigualável.

O fascinante universo do eletromagnetismo não se resume apenas a conceitos teóricos ou fórmulas matemáticas complexas; ele se expressa de maneiras surpreendentes em nossa vida cotidiana. À medida que exploramos as aplicações do eletromagnetismo, deparamos com uma teia de interações que nos conectam com a tecnologia e a natureza. Para entender verdadeiramente essa força, é essencial primeiro percorrer suas manifestações na tecnologia moderna, pois são elas que têm o poder de transformar nossa experiência diária.

Vivemos em uma era em que a tecnologia permeia todos os aspectos da vida. Imagine-se acordando pela manhã e, ao acionar o despertador, você já está interagindo com os princípios eletromagnéticos sem perceber. O seu celular, que tão rapidamente se tornou uma extensão de você mesmo, funciona essencialmente por meio da manipulação de sinais eletromagnéticos. Quando você envia uma mensagem, o que ocorre por trás das câmeras é uma verdadeira dança de ondas eletromagnéticas, viajando através do ar, cruzando milhares de quilômetros em frações de segundos. Essa intimidade com a tecnologia revela o quanto somos dependentes do eletromagnetismo.

Os eletrodomésticos que facilitam nossas vidas, como geladeiras e micro-ondas, também são produtos das leis eletromagnéticas. Esses aparelhos dependem de princípios como indução eletromagnética e geração de campos elétricos para operar da maneira que conhecemos e gostamos. A energia que alimenta esses dispositivos, que nos permitem cozinhar um prato saboroso ou manter alimentos frescos, é resultado de um intrincado sistema de geração e distribuição eletromagnética.

Mas o impacto do eletromagnetismo vai além do que se vê nas quatro paredes de uma casa. As inovações no setor de comunicação nos mostram como o eletromagnetismo transformou radicalmente as relações humanas. Quando você faz uma videoconferência com um amigo do outro lado do mundo, é quase mágico pensar que essa conexão se sustenta apenas por intensos fenômenos eletromagnéticos. Através das ondas eletromagnéticas, nossas vozes e imagens viajam, rompendo barreiras geográficas e temporais, conectando seres humanos de maneiras que eram impensáveis há algumas décadas.

Analise o mundo ao seu redor. O rádio que toca suas músicas favoritas, a televisão que traz a última notícia ou o laptop que permite acessar a vastidão da informação global são todos produtos de um profundo entendimento do eletromagnetismo. Cada dispositivo não é apenas um objeto utilitário, mas, na verdade, um testemunho das descobertas que moldaram não somente a ciência, mas também a sociedade moderna.

Neste ponto, é crucial considerar as interações entre os campos elétricos e magnéticos e como elas se traduzem em nossas vidas. Por exemplo, a percepção de mudanças no ambiente pode ser observada em condições meteorológicas, onde tempestades eletromagnéticas podem afetar comunicações e até mesmo apresentar riscos para a segurança. A ideia de que fenômenos tão grandiosos e, por vezes, caóticos possam ter raízes nas interações eletromagnéticas instiga a curiosidade e nos convida a explorar ainda mais.

À medida que avançamos neste livro, você será guiado na compreensão desses conceitos complexos que moldam nossas vidas; cada tópico abordado é uma janela aberta sobre como o eletromagnetismo influencia tudo ao nosso redor. A intenção é não simplesmente informar, mas instigar um senso de admiração pelas sutilezas que a natureza nos apresenta a cada dia. Conversaremos sobre o impacto do eletromagnetismo na energia sustentável e nas inovações futuras. Estaremos aqui para celebrar as maravilhas dessa força e como ela poderá continuar a revolucionar a nossa sociedade.

Elucidar essas normas e princípios que se entrelaçam com a vida cotidiana é a missão deste capítulo e do livro como um todo. Com cada nova ideia que exploramos, seja teoricamente, seja em aplicações práticas, surgirá uma compreensão clara de que o eletromagnetismo não é apenas uma das forças fundamentais da física, mas, na verdade, um elemento essencial que define a forma como interagimos com o universo.

Essa jornada revela que a curiosidade e a busca por conhecimento são chaves para desvendar a complexidade do mundo natural, ao mesmo tempo em que nos prepara para um futuro iluminado pela inovação e pela compreensão. Assim, convidamos você, caro leitor, a dar continuidade a essa exploração, onde cada conceito revelará novas dimensões e interseções no maravilhoso campo do eletromagnetismo, conectando ciência e vida de forma indissociável.

A jornada para compreender o eletromagnetismo é como trilhar um caminho cercado por mistérios e revelações. À medida que avançamos, nos deparamos com uma série de conceitos que se entrelaçam, formando a espinha dorsal da tecnologia moderna e dos fenômenos que frequentemente tomamos como garantidos. Vamos explorar, então, os fundamentos do eletromagnetismo com atenção aos detalhes, curiosidade e um ímpeto de descoberta.

Dentre os primeiros passos para entender este campo, encontramos a Lei de Coulomb, que descreve como cargas elétricas interagem. Imagine, por um instante, a força que é gerada quando dois objetos eletricamente carregados se aproximam ou se repelem. Essa interação, que pode ser simples à primeira vista, estabelece as bases para muitas tecnologias e aplicações que definem o nosso mundo. É nesta troca de forças que a curiosidade se transforma em compreensão.

André-Marie Ampère e Michael Faraday contribuirão com seus próprios legados nesse campo de estudo. A Lei de Ampère revela a relação entre eletricidade e magnetismo, enquanto a indução eletromagnética de Faraday expande ainda mais nossos horizontes, mostrando como um campo magnético pode gerar eletricidade em um circuito. Que espetáculo! Só com essas descobertas, o mundo pôde ver o nascimento de inovações que se tornariam essenciais para a vida moderna, como motores e geradores elétricos.

À medida que avançamos na narrativa do eletromagnetismo, nos deparamos com as célebres Equações de Maxwell. Quando essas equações foram formuladas, um novo entendimento surgiu — um entendimento que unificou eletricidade e magnetismo sob um único manto, revelando que as duas forças não são apenas interdependentes, mas interligadas de maneira fundamental. Cada uma delas influencia a outra e, juntas, moldam o que podemos chamar de um campo eletromagnético. É neste cenário que a teoria evolua para aplicações cada vez mais sofisticadas.

O que dizer, então, do impacto dessas teorias na tecnologia contemporânea? Aqui, a conexão se torna palpável. Desde a criação de dispositivos que utilizam ondas de rádio para comunicação até a geração de eletricidade que alimenta nossas casas e empresas, o eletromagnetismo está incrustado em cada aspecto de nossas vidas. Ao olharmos para a tela brilhante do nosso computador, lembremos que cada pixel, cada byte de dados, é imbuído pela programação da física que, por sua vez, é sustentada pelas interações eletromagnéticas.

E, falando em comunicação, é impossível ignorar a revolução das telecomunicações que se desenrolou a partir da descoberta da eletricidade. As mensagens instantâneas que enviamos, as chamadas telefônicas que fazemos e as transmissores de rádio que nos mantêm informados foram todas possíveis devido ao entendimento profundo do eletromagnetismo. Ao tocarmos o coração da tecnologia moderna, encontramos a essência do eletromagnetismo pulsando firme e forte, desafiando-nos a explorar suas nuances e suas aplicações.

Assim, as aplicações práticas do eletromagnetismo se estendem a fronteiras ainda mais distantes, como na medicina. Imagine o quão revolucionário é o conceito de ressonância magnética! É um exemplo brilhante de como os princípios eletromagnéticos podem ser aplicados para obter imagens detalhadas da anatomia humana sem a necessidade de cirurgias invasivas. Tal avanço nos leva a interrogações sobre o futuro do eletromagnetismo e seus benefícios, estimulando uma imaginação repleta de possibilidades.

Diante de tudo isso, surge uma pergunta essencial: como nos preparamos para a próxima fase da nossa jornada eletromagnética? À medida que nos aproximamos do entendimento de cada pilar do eletromagnetismo, é imprescindível que mantenhamos a mente aberta às novas descobertas e inovações que estão por vir. O mundo está em constante evolução, e o papel do eletromagnetismo continuará a ser vital para o progresso da ciência e da tecnologia.

Portanto, convido o leitor a continuar essa exploração profunda e enriquecedora. Prepare-se para desbravar um universo de conhecimento — onde as teorias se transformam emrealidade e onde o eletromagnetismo continua a ser a força silenciosa que move nosso mundo. Estamos apenas começando a traçar essa trajetória fascinante, e cada passo dado nos levará a novos horizontes de compreensão e descoberta.

Capítulo 2: Fundamentos da Teoria Eletromagnética

As bases do eletromagnetismo se estabelecem em conceitos fundamentais que moldam a compreensão dessa força poderosa que permeia o universo. Um dos primeiros passos nesse caminho é a Lei de Coulomb, que descreve a interação das cargas elétricas. Imagine duas pequenas esferas carregadas, uma positiva e outra negativa. Quando se aproximam, uma força atrativa faz com que elas se aproximem. Já se forem de cargas iguais, elas se repelem, afastando-se uma da outra. Esse fenômeno é rotineiro em nosso cotidiano, embora não percebamos sua importância. A interação entre essas partículas invisíveis é o que permite que aparelhos que dependem de eletricidade funcionem como conhecemos.

À medida que compreendemos a força eletrostática, somos apresentados ao conceito de campo elétrico. Este campo, gerado pela presença de cargas elétricas, é invisível, mas suas consequências são palpáveis. Se deixarmos uma folha de papel perto de uma esfera carregada, a folha será atraída ou repelida, dependendo da carga. Assim, o campo elétrico começa a moldar o espaço ao redor, influenciando outras partículas que se aproximam, uma infinidade de situações cotidianas é pautada por essa força invisível que flui a nosso redor.

Agora, ligando esses conceitos à realidade, vamos observar como a estática se manifesta no nosso dia a dia. Quem nunca esfregou um balão na cabeça e viu seus cabelos se erguendo? Aquela dança caprichosa não é apenas um espetáculo visual, mas o resultado do salário da atratividade das cargas e do campo elétrico que isso gera. Esses pequenos eventos diários trazem à tona a ideia de que o eletromagnetismo está sempre operando por trás do que observamos. Ao refletir sobre isso, deparei-me com a maravilha de saber que pequenos gestos podem revelar princípios tão complexos e profundos.

A relação entre eletricidade e magnetismo é essencial para compreender o próximo conceito vasto: a Lei de Ampère. Se a eletricidade cria campos elétricos, o que acontece quando se movimenta? Apercebe-se que a ação da corrente elétrica em um fio gera um campo magnético em torno dele! Imagine a facilidade de controlar um campo magnético apenas variando o fluxo de corrente elétrica. Essa descoberta revolucionou os modos com que podemos interagir com as forças que nos rodeiam. Experimentos clássicos, como o de Ampère, constataram que um fio condutor pode exercer forças sobre outras correntes, mostrando a interconexão entre duas das principais forças na física.

Falando de interconexão, como não mencionar Michael Faraday? A indução eletromagnética, uma de suas maiores contribuições, permite a transformação de movimento em eletricidade, e vice-versa. Essa revelação levou à criação de geradores que são fundamentais na produção de eletricidade que alimenta nossas sociedades modernas. Cada vez que ligamos uma luz ou carregamos nossos dispositivos, somos beneficiados por essas ideais que se entrelaçam e compõem uma rede complexa de relações.

Esses experientes cientistas do passado pavimentaram o caminho que culminaria na formulação das célebres equações de Maxwell, as quais oferecem uma visão unificada do eletromagnetismo. Compreender essas equações não é apenas uma questão de estudar matemática; é entender que elas representam o diálogo entre eletricidade e magnetismo, onde ambos coexistem como parceiros inseparáveis na estrutura do universo.

Ao longo deste capítulo, o objetivo foi introduzir os fundamentos essenciais que sustentam todo o vasto campo do eletromagnetismo. A compreensão dessas bases abrirá as portas para uma apreciação mais profunda do impacto do eletromagnetismo em tecnologias modernas e, mais importante, nas maravilhas naturais que nos cercam. Estamos prontos para avançar, equipados com o conhecimento necessário para abordar aplicações intrigantes e fascinantes que o eletromagnetismo nos proporciona na vida diária.

A interligação entre eletricidade e magnetismo é uma das chaves para desvendar os mistérios do eletromagnetismo. Ao adentrar nesse universo fascinante, nos deparamos com a Lei de Ampère, que revela como a corrente elétrica pode gerar um campo magnético ao seu redor. É um conceito notável que, em sua essência, destaca a relação entre o movimento das cargas elétricas e a geração de campos que influenciam o comportamento de outras cargas próximas.

Imagine, por um momento, um fio condutor no qual uma corrente elétrica flui. Em torno desse fio, um campo magnético é criado, que existe de forma invisível, mas com um impacto monumental. Sabe aquele momento, em que você observa um motor elétrico em funcionamento? O funcionamento desse motor é uma demonstração prática da aplicação dessa lei, onde o magnetismo se transforma em movimento, gerando energia e eficiência em nosso convívio cotidiano.

Continuando nossa jornada, daremos atenção à intrigante indução eletromagnética descoberta por Faraday. Essa experiência clássica é a base para a transformação do movimento mecânico em eletricidade. Ao mover um ímã em relação a um fio, geramos uma corrente elétrica. É como se, ao dançar com os mundos elétrico e magnético, Faraday nos ensinasse a vitalidade de manipular essas forças em harmonia. E assim, passaram-se os dias em que a eletricidade era uma curiosidade; agora ela se tornava uma ferramenta poderosa que mudaria o curso da história.

Os motores que alimentam nossas casas ou o sistema de transporte público são extensões desse conceito. Eles representam a união do movimento, da corrente elétrica e dos campos magnéticos, tudo harmonizado para criar um funcionamento eficaz que temos à nossa disposição. Então, ao parcelar a história, participamos de um espetáculo extraordinário.

Ao apreciarmos a conexão intrínseca entre eletricidade e magnetismo, somos também conduzidos a considerar a grandiosidade das descobertas matemáticas que se seguirão. As equações de Maxwell surgem como pilares que consolidam tudo o que já aprendemos. Elas nos permitem ver o eletromagnetismo em um novo contexto, onde forças invisíveis trabalham em sinergia para construir a realidade ao nosso redor. Neste momento, as brilhantes mentes que compuseram e decifraram essas equações convidam-nos a uma dança de compreensão, a fim de colocarmos em prática tudo aquilo que absorvemos.

Assim, a interligação entre eletricidade e magnetismo não se limita apenas ao conceito. É um testemunho vivo da magia que reside na natureza. A física se torna uma ponte que conecta o que antes parecia separado, convidando-nos a prosseguir nessa jornada repleta de descobertas e reflexões. Querido leitor, permaneça atento às nuances dessa dança elétrica que molda nossa vida cotidiana. A próxima etapa nos levará ainda mais longe, em direções fascinantes que aguardam ansiosamente serem reveladas.

A compreensão do eletromagnetismo não estaria completa sem a análise das Equações de Maxwell, que representam um desdobramento crucial na evolução do pensamento científico. Essas equações, elaboradas por James Clerk Maxwell no século XIX, não são apenas um conjunto de fórmulas; elas são uma preciosa unificação dos conceitos de eletricidade e magnetismo, mostrando que ambas as forças estão intimamente interligadas.

Maxwell articulou quatro equações que capturam o comportamento dos campos elétricos e magnéticos, cada uma desempenhando um papel vital nesse intricado relacionamento. A primeira equação ilustra o conceito de que um campo elétrico pode ser gerado por cargas elétricas. Isso explica por que objetos eletricamente carregados podem exercer força uns sobre os outros, criando um campo ao seu redor que influencia outras cargas localizadas nas proximidades.

Já a segunda equação revela que um campo magnético pode ser produzido por correntes elétricas. Imagine um fio condutor por onde flui eletricidade: ao redor desse fio, um campo magnético é gerado, e essa interação é o que possibilita o funcionamento de motores elétricos. Quando uma corrente é aplicada, a ação magneto-elétrica se estabelece, criando um ciclo de interação que é fundamental para a operação de muitos dispositivos que usamos diariamente.

A terceira equação faz um papel ainda mais intrigante ao mostrar que um campo elétrico variável no tempo poderá gerar um campo magnético. O que isso significa em termos práticos? Essa relação é a base da indução eletromagnética, que foi descoberta por Michael Faraday. É graças a este princípio que os geradores elétricos conseguem converter energia mecânica em eletricidade, um fenômeno que afeta diretamente a forma como produzimos e consumimos energia no mundo moderno.

Por fim, a quarta equação de Maxwell nos permite entender que um campo magnético variável no tempo também pode gerar um campo elétrico. Isso se traduz em fenômenos como ondas eletromagnéticas, que representam a forma como a luz se propaga no espaço, trazendo à tona a conexão entre eletricidade, magnetismo e luz, privilegiando a compreensão do funcionamento das tecnologias modernas, desde a transmissão de rádio até as comunicações via internet.

A beleza dessas equações reside na sua capacidade de unir diversas áreas do conhecimento. Seja nos sistemas de comunicação que usamos diariamente, que exploram as propriedades das ondas eletromagnéticas, seja nas aplicações das tecnologias emergentes que prometem revolucionar relações de curto e longo alcance, o legado de Maxwell se faz presente em cada aspecto da nossa vida moderna.

Entender as Equações de Maxwell, portanto, não é meramente uma tarefa acadêmica, mas uma ferramenta que nos permite apreciar as intrincadas conexões que moldam nosso cotidiano. Ao revisitar a história do eletromagnetismo, será nosso próximo passo o mergulho nas aplicações práticas dessa teoria, observar como os princípios matemáticos que governam essas interações se traduzem em inovação e avivam nosso entendimento sobre a natureza que nos cerca.

Assim, seguiremos em frente, prontos para explorar como as maravilhas do eletromagnetismo continuam a impactar nossa realidade, tornando-se um canal através do qual a ciência comunica não apenas conhecimento, mas uma visão fascinante do mundo.

A estrutura matemática que sustenta o eletromagnetismo é uma obra-prima da linguagem científica. Os princípios fundamentais que regem essa força invisível são traduzidos em expressões matemáticas que permitem a nossa compreensão e manipulação dos fenômenos eletromagnéticos. Ao abordar os conceitos necessários, começaremos com uma introdução aos vetores, que são fundamentais para descrever as magnitudes e direções dos campos elétricos e magnéticos.

Os vetores são inscritos em nossos cotidianos: eles não apenas caracterizam forças, mas também oferecem um entendimento visual que enriquece o aprendizado. Pense na força gravitacional que nos mantém firmes ao solo: sua direção aponta para baixo, enquanto sua magnitude é expressa em Newtons. O mesmo conceito se aplica ao campo elétrico e ao campo magnético. Quando você se depara com cálculos envolvendo esses campos, a representação vetorial se torna crucial. Uma carga elétrica positiva cria um campo elétrico que se irradia para fora, enquanto um ímã, em sua essência, gera linhas de força magnética que saem de seu polo norte e se dirigem para o polo sul.

Para calcular as forças eletromagnéticas, nossa primeira ferramenta será a descrição da força de Coulomb, que é a responsável pela interação entre duas cargas elétricas. Expressa pela fórmula:

$$ F = k \frac{|q_1 \cdot q_2|}{r^2} $$

Aqui, F representa a força entre as cargas, k é a constante eletrostática, q_1 e q_2 são as magnitudes das cargas e r representa a distância entre os centros das cargas. Este modo de calcular é um reflexo das vibrações sutis para o jovem leitor, que deve reconhecer que a força é diretamente proporcional ao produto das cargas e inversamente proporcional ao quadrado da distância entre elas. Essa propriedade, que dá vida a diversas interações eletromagnéticas, se estende à nossa compreensão de como essas forças atuam através do espaço.

Entender os campos elétricos também envolve uma aplicação prática dos conceitos vetoriais. O campo elétrico (E) gerado por uma carga pode ser descrito pela equação:

$$ E = k \frac{q}{r^2} $$

onde q é a carga que está criando o campo. Essa equação nos diz como o campo se comporta à medida que nos afastamos da carga. Assim, se você observa a carga de alguns metros de distância, o campo elétrico pode se tornar quase imperceptível, enfatizando que a interação diminui com o aumento da distância. Trata-se de um fenômeno quase poético, revelando a delicadeza das interações eletromagnéticas.

A descrição do campo magnético segue um padrão semelhante, onde sua força é descrita pela Lei de Biot-Savart:

$$B = \frac{\mu_0}{4\pi} \frac{I \cdot dl \times r}{r^3}$$

Nesta equação, B representa a intensidade do campo magnético, μ_0 é a permeabilidade do vácuo, I é a corrente que gera o campo magnético, dl é um elemento infinitesimal de comprimento do fio condutor, e r é a distância até o ponto onde estamos medindo o campo. Esta lei exemplifica a relação entre corrente elétrica e campo magnético, uma formação que embasa motor elétrico, dinamo e uma infinidade de dispositivos que utilizamos em nosso cotidiano.

Abordar a linguagem matemática do eletromagnetismo não tem o intuito de desstimular o leitor, mas de encorajá-lo a mergulhar na beleza abstrata que reside nas interações vitais do universo. Com essa base, o leitor estará equipado para explorar temas mais complexos, sendo gentilmente guiado por caminhos que entrelaçam a teoria e a prática, nadas como ondas em um oceano infinito de conhecimento. Agora que desvendamos esses princípios matemáticos, damos prosseguimento a uma discussão sobre as aplicações práticas do eletromagnetismo e a forma como esses conceitos se traduzem em inovação e tecnologia.

Capítulo 3: Aplicações do Eletromagnetismo

A Onipresença do Eletromagnetismo em Tecnologias Cotidianas

Ao olharmos ao nosso redor, é surpreendente perceber como o eletromagnetismo permeia nossas vidas diárias. Nossos aparelhos, desde o simples micro-ondas até os sofisticados smartphones, existem graças a essa força invisível que organiza o universo. Pensem, por exemplo, no micro-ondas. Por trás da rapidez com que ele aquecer alimentos, há uma complexa interação de ondas eletromagnéticas que, ao penetrar nas moléculas de água, gera calor. Essa tecnologia, que muitos de nós tomamos como garantida, exemplifica como uma compreensão básica do eletromagnetismo pode traduzir-se em inovações que facilitam nosso dia a dia.

    Outro exemplo notável é o aspirador de pó. Quando o ligamos, uma corrente elétrica passa por um motor que, por sua vez, cria um campo magnético. Esse campo é responsável por acionar a ventoinha que, com sua força, suga sujeiras e detritos. É como um balé invisível que acontece dentro do aparelho, permitindo que torna nosso lar um lugar mais limpo e agradável. Enquanto costumamos menosprezar a física por trás de tais invenções, ela é, na verdade, o alicerce que permite tantas facilidades contemporâneas.

    Do mesmo modo, a televisão e os computadores, que nos mantêm conectados ao mundo, dependem de ondas eletromagnéticas para transmitir informações. Se pararmos para pensar, cada vez que assistimos a um programa ou enviamos um e-mail, estamos aproveitando essa tecnologia, que, antes de ser uma realidade, era mera teoria científica. O mágico é observar como essas teorias, fundamentadas em leis de eletromagnetismo, desdobram-se em aplicações tangíveis que impactam nossas rotinas.

Para assimilar melhor essa presença constante do eletromagnetismo, convido você a fazer uma breve reflexão: ao buscar seu smartphone, compreenda que a comunicação instantânea, que hoje parece tão trivial, é o resultado de forças eletromagnéticas simultâneas atuando em várias partes do mundo. A tecnologia sem fio, por exemplo, se apoia no envio de ondas eletromagnéticas que transportam dados pela atmosfera, conectando nossas vidas em uma rede complexa de interações. Vivemos em um mundo interligado, e o eletromagnetismo é a razão pela qual podemos compartilhar experiências, informações e amores, mesmo sem estarmos fisicamente próximos.

O que pode parecer trivial, na verdade, é uma sinfonia complexa de princípios científicos, onde a física encontra a praticidade de maneira extraordinária. A cada passo, a cada toque no nosso dispositivo, nós estamos, de alguma forma, interagindo com as leis que governam o eletromagnetismo. E, ao tomarmos consciência disso, talvez possamos enxergar o verdadeiro poder por trás dessas invenções.

Assim, ao convir com a ideia de que o eletromagnetismo está por trás das tecnologias que utilizamos, criamos uma conexão mais profunda com essas ferramentas que tornam a nossa vida não apenas possível, mas infinitamente mais rica. Cada vez que você acende uma luz, conecta-se à internet ou aquece o seu café, lembre-se de que, sem essas interações misteriosas e invisíveis, talvez nossas vidas seriam menos práticas e mais desafiadoras. Ao longo do próximo segmento, adentraremos no fascinante mundo da comunicação e exploraremos como o eletromagnetismo moldou a maneira como nos comunicamos e interagimos em uma era global e conectada.

Comunicação e Eletromagnetismo

À medida que a ciência avança, uma das áreas mais fascinantes que emerge desse progresso é a comunicação. Em uma sociedade que se torna cada vez mais interconectada, compreender como o eletromagnetismo desempenha um papel vital na comunicação moderna é essencial. Através de ondas eletromagnéticas, podemos transmitir informações a longas distâncias, e isso revolucionou a maneira como interagimos e nos conectamos.

Comecemos nossa jornada investigativa com a rádio. Imagine-se ouvindo uma estação FM durante um belo dia de sol. Ao sintonizar sua música favorita, você, sem perceber, está captando sinais de rádio que viajam pelo ar, gerados por antenas que convertem correntes elétricas em ondas eletromagnéticas. Essas ondas, invisíveis, percorrem o espaço e se propagam até chegar ao seu aparelho, onde são convertidas novamente em som. Essa transformação mágica está alicerçada nos princípios do eletromagnetismo e exemplifica a beleza de uma conexão nunca antes experimentada.

    Assim, em uma festa de aniversário, sob o brilho das luzes e risos contagiantes, um simples toque no celular pode fazer com que você se conecte instantaneamente a alguém do outro lado do mundo. Através do Wi-Fi, também baseado em ondas eletromagnéticas, a troca de mensagens e vídeos ocorre em frações de segundo, transformando a distância em um conceito obsoleto. Essa tecnologia, que se tornou parte integrante de nossas vidas, é fruto de descobertas fundamentais e da aplicação contínua dos princípios eletromagnéticos que governam como as informações podem ser transmitidas e recebidas.

    Mas como acontece essa modulação? Esse conceito é a chave. Modulação é o processo pelo qual a informação é embutida na onda eletromagnética, permitindo que diferentes sinais viajem juntos sem se sobrepor. Pensando nisso, quando você ouve uma música na rádio, a frequência da onda é alterada a cada nota, transmitindo assim a melodia até chegar a nós. É como se as ondas estivessem dançando no ar, carregando as histórias que contamos e as emoções que expressamos.

Imagine ainda a televisão. Quando assistimos a um programa ao vivo, ondas eletromagnéticas estão sendo transmitidas de torres locais em direção às nossas casas. Como assimilar a imagem fluída na tela? Isso ocorre porque, uma vez mais, as informações são moduladas em diferentes frequências, transportando dados visuais e auditivos sobre o mesmo meio. Cada pixel que compõe a tela é resultado da infusão de elétrons em um cristal líquido, representando uma nova dimensão de comunicação na era digital.

Entender as aplicações do eletromagnetismo na comunicação nos convida a refletir sobre quão interconectados estamos. As ferramentas que usamos diariamente são sustentadas por uma rede complexa de ondas e campos que têm sua origem em leis fundamentais da física. Essa simbiose entre ciência e tecnologia não só conecta as pessoas, mas também impulsiona a criatividade humana, facilitando a rapidez com que podemos compartilhar ideias, paixões e até mesmo sonhos.

Neste verdadeiro labirinto de ondas, é intrigante notar que a comunicação, em sua essência, não é apenas sobre transmitir informações. É sobre conectar seres humanos, desmistificando a distância e fundindo culturas e relatos em um só lugar. Há um sentimento de unidade a cada mensagem enviada, cada vídeo compartilhado, cada nota musical ouvida. E assim, sob a influência do eletromagnetismo, não apenas aprendemos sobre a física; aprendemos sobre a humanidade que vive por trás de cada interação.

Na sequência, avançaremos para nosso próximo tópico, onde discutiremos o impacto do eletromagnetismo na geração de energia e como ele é aplicado na criação de um futuro sustentável, fazendo uma ponte entre a física e nossas responsabilidades enquanto cidadãos conscientes.

Impacto na Energia e Sustentabilidade

Ao adentrarmos na discussão sobre o impacto do eletromagnetismo na geração de energia, torna-se claro que estamos mergulhando em um dos temas mais críticos da atualidade: a sustentabilidade. A necessidade crescente de soluções energéticas limpas e renováveis nos leva a examinar como os principios eletromagnéticos não apenas nos ajudam a criar energia, mas também a fazê-lo de maneira sustentável.

Os geradores elétricos, por exemplo, são dispositivos fundamentais que aproveitam a indução eletromagnética para transformar energia mecânica em energia elétrica. Imagine a cena em uma usina hidrelétrica, onde a água em movimento luxuriante rola por quedas energéticas criativas, arrastando turbinas que, por sua vez, giram e acionam geradores. Dentro desses geradores, um ímã grande gira em torno de um fio condutor, e assim, pela magia do eletromagnetismo, a energia cinética é convertida em energia elétrica. Essa beleza rudimentar da natureza é manipulada com a destreza dos engenheiros, que garantem que este processo seja eficiente e consistentemente disponível.

Por outro lado, a energia eólica também é um exemplo empolgante de como aproveitamos o poder do vento para gerar eletricidade. As turbinas eólicas, que são familiarmente vistas como enormes lâminas giratórias nas colinas, convertem a energia cinética do vento em energia elétrica. À medida que as lâminas giram, um gerador é acionado da mesma maneira que em uma hidrelétrica, utilizando os conceitos de campo magnético e corrente elétrica. Esse aparato não apenas simboliza a interseção entre a natureza e a tecnologia, mas representa um salto significativo em direção ao que podemos ter como uma abordagem sustentável na geração de energia.

É importante ressaltar que o eletromagnetismo não se limita apenas à produção de eletricidade em larga escala. nossas casas foram invadidas por pequenos dispositivos que também desempenham papéis cruciais nessa corrida por uma vida mais sustentável. Painéis solares, por exemplo, têm ganhado destaque no cenário energético. Apesar de se basearem, em sua maioria, em princípios eletrônicos e fotovoltaicos, são interconectados a sistemas de armazenamento que utilizam eletromagnetismo ao converter e armazenar energia ocasionais para uso futuro. Assim, cada vez que um raio de sol incide sobre um painel, estamos testemunhando o entrelaçamento das leis da física com a necessidade humana de se sustentar através de métodos renováveis.

    Enquanto exploramos a importância desses dispositivos, também devemos considerar a ideia de eficiência energética. Dia após dia, somos confrontados com o desafio de reduzir custos e mitigar o impacto ambiental. Essa ideia se entrelaça com a compreensão prática do eletromagnetismo, que proporciona não apenas a geração de energia, mas também um uso responsável e consciente dos recursos. Compreender a dinâmica da luz em nosso círculo de vida, ou até mesmo a escolha dos eletrodomésticos que compramos e como os utilizamos, reflete a responsabilidade coletiva que temos. Cada um de nós pode influenciar a história através de decisões que priorizam a eficiência e a preservação do nosso lar, o planeta.

    Ao olharmos para o futuro, é imperativo que continuemos a abraçar e expandir as aplicações do eletromagnetismo em busca de um amanhã sustentável. Nas rodas da inovação, os princípios eletromagnéticos permanecem como guias que nos orientam. Todos os passos em direção à geração de energia renovável e ao uso eficiente da eletricidade refletem uma determinação comum de construção de um futuro onde respeitamos os limites do nosso ambiente. Portanto, o eletromagnetismo não é apenas um tema científico, mas um real baluarte da esperança para um mundo mais limpo e habital.

Com uma base sólida, seguimos para nosso próximo segmento, onde discutiremos fenômenos naturais associados ao eletromagnetismo, as maravilhas que a natureza produz e como estamos integrados a esse ciclo.

Fenômenos Naturais e Seu Relacionamento com o Eletromagnetismo

Quando olhamos para os fenômenos naturais ao nosso redor, parece que a própria terra reverbera com as frequências do eletromagnetismo. Um exemplo clássico que muitos conhecemos é o funcionamento da bússola. Esse instrumento, que há séculos vem guiando viajantes, depende da interação entre o campo magnético da Terra e a agulha magnética. A bússola aponta para o norte magnético, que não é muito longe do norte verdadeiro, mas a sua precisão é uma habilidade talvez subestimada que muitos de nós utilizamos quando nos perdemos em mapas, trilhas ou aventuras na natureza.

Além disso, cores vibrantes que vemos no céu durante amanhecer e entardecer são resultados de fenômenos eletromagnéticos. A dispersão da luz nas partículas da atmosfera cria um espetáculo que nos é familiar, mas que sempre surpreende. Esse fenômeno nos lembra que a luz, uma forma de radiação eletromagnética, interage de maneiras intrigantes com o mundo, transformando o ordinário em um magnífico quadro de arte natural.

Contudo, não podemos ignorar as consequências mais profundas e potencialmente arriscadas do eletromagnetismo, as tempestuosas tempestades solares. Quando um grande surto solar ocorre, enormes quantidades de energia eletromagnética são liberadas, podendo afetar a comunicação global. Em dias em que a atividade solar é intensa, pode-se observar falhas nas redes elétricas e até mesmo uma incrível exibição das auroras boreais, que são causadas por partículas carregadas que interagem com a atmosfera da Terra. Essas luzes dançantes, envolvendo tons de verde e rosa, tornam-se uma lembrança gloriosa e assombrosa de que estamos conectados a forças maiores que nós.

Nessa conexão entre natureza e tecnologia, devemos observar como as forças eletromagnéticas também afetam o que chamamos de "círculo da vida". A radioatividade, que através do seu mecanismo atua baseando-se em princípios eletromagnéticos, tem impactos não apenas sobre a comunicação, mas sobre a própria vida na Terra. A forma como a radiação interfere na saúde das plantas e animais revela a fragilidade das interações eletromagnéticas que dominam esses fenômenos.

Quando refletimos sobre a relação do ser humano com o eletromagnetismo nas manifestações naturais, somos forçados a considerar nossa responsabilidade. A forma como utilizamos o conhecimento científico é um reflexo direto da nossa interação com a Terra e o espaço que nos cerca. Vivemos entre a racionalidade das ciências e a poesia do mundo natural, cada relâmpago e cada aurora nos lembrando que, não importa onde formos, os princípios do eletromagnetismo estarão sempre conosco, esculpindo o tecido da realidade.

Adentrando nesse universo, tornamo-nos, portanto, parte integrante dessa intricada tessitura, onde eletromagnetismo, vida e natureza dançam em um constante fluxo dinâmico. Cada descoberta científica que avançamos nos educa sobre as complexidades da vida e da matéria, desvinculando o que uma vez consideramos separado. A ciência não é apenas a clave para a compreensão; é também um convite para nos conectarmos, respeitarmos e admirarmos as maravilhas que surgem do nosso relacionamento mútuo com o universo.

Neste ponto da nossa jornada, estabelecemos o piso sobre o qual discutiremos as fascinantes relações entre eletromagnetismo e a vida, bem como as lições que aprendemos ao observar os fenômenos que se desdobram ao nosso redor. Dentro dessa conexão clara entre ciência e natureza, seguimos adiante, prontos para explorar mais sobre as dimensões profundas da física em ação, tanto em nossa vida cotidiana quanto no cosmos.

Capítulo 4: Eletromagnetismo na Tecnologia

A importância do eletromagnetismo na era moderna se revela a cada passo que damos em direção ao futuro. Ele está em todos os lugares, influenciando não só como nos comunicamos, mas também como geramos energia e utilizamos dispositivos eletrônicos em nosso cotidiano. Para compreender o impacto dessa força fundamental, é essencial reconhecer que as invenções tecnológicas mais significativas surgiram a partir de princípios eletromagnéticos. Quando instauramos novas tecnologias, estamos expandindo nossos horizontes baseados num entendimento mais profundo do eletromagnetismo, permitindo que as ideias se transformem em inovações que moldam nossas vidas diárias.

Pensemos em quantos momentos do nosso dia dependemos dessa força invisível. Desde o instante em que um simples interruptor é acionado, fazendo com que a luz ilumine a sala, até o funcionamento dos sofisticados dispositivos que carregamos em nossos bolsos, o eletromagnetismo é a pedra angular das interações tecnológicas que trazem conforto e praticidade. Nessa caminhada pela compreensão, é possível enxergar que cada passo na evolução da tecnologia está diretamente ligado aos avanços na ciência do eletromagnetismo.

À medida que avançamos, devemos refletir sobre o que já conquistamos e o que ainda está por vir. Como o eletromagnetismo revolucionou não apenas nossa maneira de viver, mas também toda a nossa abordagem à ciência e à engenharia? Em um mundo onde as distâncias foram encurtadas por ondas eletromagnéticas, surge a pergunta: até onde podemos ir utilizando o conhecimento que temos hoje? Essa interrogação nos guia ao desbravar as fascinantes aplicações da eletricidade e do magnetismo, revelando a interconexão entre a teoria e a realidade.

Continuaremos nossa jornada separando os dispositivos e suas aplicações em categorias onde o eletromagnetismo brilha de forma mais intensa. Na próxima seção, adentraremos no funcionamento dos geradores elétricos e transformadores, que são os responsáveis por converter a energia mecânica em elétrica, um testemunho do majestoso impacto do eletromagnetismo na geração de eletricidade, e uma oportunidade para aprofundar nossa compreensão sobre esses dispositivos fundamentais e suas funções essenciais na nossa vida contemporânea.

Geradores Elétricos e Transformadores

Para compreendermos como o eletromagnetismo se desdobra em soluções práticas, precisamos delving na estrutura dos geradores elétricos e transformadores, dois equipamentos cruciais que ilustram a beleza e funcionalidade dessa força invisível no nosso cotidiano. Um gerador elétrico é um dispositivo fascinante que converte energia mecânica em energia elétrica, utilizando um princípio básico da física chamado indução eletromagnética. Ao girar um ímã dentro de um enrolamento de fios, ele cria um campo magnético que, em interação com a corrente, gera eletricidade. Isso é o que possibilita que usinas hidrelétricas, termelétricas e turbinas eólicas criem a energia vital que alimenta nossas casas e indústrias.

Imagine a magnitude de uma usina hidrelétrica, onde uma intensa corrente de água aciona grandes turbinas. Essas turbinas, com seu movimento constante, giram o eixo do gerador, promovendo o movimento dos ímãs. Essa transformação de energia é um espetáculo que destaca não apenas a importância técnica do eletromagnetismo, mas também sua fundamental presença em nosso planeta.

Por outro lado, os transformadores desempenham um papel igualmente importante na transmissão de energia elétrica. Eles funcionam ajustando a voltagem da eletricidade que viaja pelas linhas de transmissão, garantindo que a energia chegue aos lares e empresas de forma adequada e eficiente. Ao aumentar ou diminuir a tensão, os transformadores minimizam perdas de energia e, ao mesmo tempo, garantem que a eletricidade permaneça segura e utilizável. Em um mundo cada vez mais dependente da eletricidade, a importância dos transformadores não pode ser subestimada.

Eletrodomésticos

A majestade do eletromagnetismo não se limita apenas à produção e transmissão de energia. Nossos eletrodomésticos, que desempenham papéis decisivos em nossas vidas, são também produto de princípios eletromagnéticos. O micro-ondas, por exemplo, que aquecer alimentos em questão de minutos, utiliza ondas eletromagnéticas de alta frequência para vibrar as moléculas de água nos alimentos, gerando calor. Essa simples operação revela a beleza de uma aplicação científica que nos proporciona conveniência, permitindo que tenhamos refeições quentes em questão de minutos.

Ademais, o aspirador de pó, um companheiro frequente na limpeza de nossas casas, exemplifica novamente o funcionamento fascinante do eletromagnetismo. Dentro do aspirador, um motor elétrico gera um campo magnético que aciona a ventoinha, criando uma corrente de ar que suga sujeira e detritos. Ao ligar o aspirador, não é apenas um aparelho que ganha vida; é uma demonstração de princípios físicos em ação, trazendo eficiência e conforto para o nosso dia a dia.

Da mesma forma, refrigeradores dependem do eletromagnetismo para conservar os alimentos. Em seu funcionamento interno, uma série de componentes eletromagnéticos colaboram para regular a temperatura e manter os alimentos frescos por mais tempo. Na verdade, quando olhamos em torno de nossas casas, percebemos que cada dispositivo, cada aparelho, é sustentado por um emaranhado complexo de princípios eletromagnéticos, que juntos, proporcionam uma vida moderna cheia de facilidades.

À medida que avançamos, a interconexão entre ciência e prática se torna mais evidente. O eletromagnetismo não é simplesmente uma curiosidade científica, mas uma força que molda nossa realidade cotidiana. Através do entendimento desses princípios, somos levados a valorizar ainda mais a tecnologia que temos em nossas mãos. Com isso, na próxima seção, exploraremos avanças nas tecnologias de comunicação sem fio, que se baseiam profundamente na interatividade das ondas eletromagnéticas, permitindo que fiquemos mais conectados do que nunca.

O impacto do eletromagnetismo nas comunicações sem fio é um dos tópicos mais fascinantes e abrangentes que estamos prestes a explorar. A cada dia, nossa interação e dependência de dispositivos sem fio só aumentam. Mas, como isso funciona realmente? Quais os princípios físicos que tornam essa tecnologia possível?

Ao falarmos de comunicações sem fio, não podemos deixar de mencionar as ondas eletromagnéticas. Desde o simples rádio até a complexidade das comunicações via internet sem fio, as ondas vão e vêm pelo ar, transmitindo informações vitalmente. A existência do rádio é um marco na história da comunicação. Quando sintonizamos uma estação, o que estamos fazendo, de forma eficaz, é capturar a música e as notícias que fluem para o nosso receptor em uma dança elegante de ondas eletromagnéticas. Essa dança não apenas abriu as portas para um novo mecanismo de comunicação, como também revolucionou a forma como compartilhamos e consumimos informação.

A evolução das ondas de rádio em tecnologias mais sofisticadas levou ao desenvolvimento de transmissões de TV e, mais recentemente, redes de internet. O conceito de modulação, mencionado anteriormente, emerge de forma crucial nessas tecnologias. A modulação, que permite a incorporação de sons, imagens e dados em ondas eletromagnéticas, possibilita que diversas frequências coexistam no mesmo espaço. Quando você assiste a um filme em sua televisão ou navega na internet, você está, na verdade, dividindo o mesmo "espaço" eletromagnético com milhares de sinais, todos organizados e separados, graças a essa arte de modulação.

    Assim, quando imaginamos um mundo sem fio, é impossível não pensar na abrangência que a tecnologia celular traz. Telefone após telefone, as comunicações móveis tornaram-se uma extensão de nós mesmos. Nosso dia-a-dia é preenchido com notificações, ligações e mensagens instantâneas. No coração disso está a transmissão de dados através de ondas eletromagnéticas, que conectam usuários em todos os cantos do planeta. Através da rede 4G e, mais recentemente, da revolucionária 5G, conseguimos, em um piscar de olhos, acessar informações que antes exigiriam tempo e esforço. Essa velocidade e conexão disponíveis a poucos cliques de distância ressaltam o quanto o eletromagnetismo não é apenas uma ferramenta, mas um elo fundamental que reconfigura nossas interações sociais na era digital.

A fascinante interseção entre ciência e vida cotidiana que as comunicações sem fio representam é, sem dúvida, um testemunho do poder do eletromagnetismo. Cada mensagem enviada e cada vídeo assistido são demonstrações da grandiosidade e da aplicabilidade da física contemporânea que permeiam nossas vidas. Com isso, avançaremos para nossa próxima seção, onde exploraremos as inovações em eletrônicos de consumo, focando em seus avanços e nas descobertas científicas que permitiram tais inovações impressionantes.

A evolução das tecnologias que utilizam o eletromagnetismo é um campo fascinante e repleto de inovações. Quando olhamos para o futuro, percebemos que a jornada está apenas começando. As descobertas em eletromagnetismo não apenas moldaram a era moderna, mas também sinalizam um potencial ilimitado para as gerações futuras.

Um dos desenvolvimentos mais empolgantes são os veículos elétricos. Com a crescente preocupação com a sustentabilidade e a busca por fontes de energia mais limpas, os automóveis elétricos emergiram como uma solução proativa. Esse conceito não se baseia apenas na eletricidade, mas na aplicação direta dos princípios eletromagnéticos para criar motores que são não apenas eficientes, mas também ecologicamente corretos. Por trás desse avanço está a capacidade de converter energia elétrica em energia mecânica, impulsionando veículos que, por sua natureza, não apenas movem pessoas, mas também a ideia de um futuro mais sustentável.

Além disso, as baterias de alta eficiência estão na vanguarda das inovações eletromagnéticas. Pense na possibilidade de carregar um dispositivo eletrônico em minutos em vez de horas. A pesquisa continua a explorar maneiras de superar as limitações das tecnologias de bateria atuais, buscando melhorar o armazenamento de energia e a durabilidade. Cada avanço nos diz que o futuro pode reservar não apenas eficiência, mas uma revolução no modo como interagimos com nossos dispositivos eletrônicos.

A comunicação quântica também está se destacando como um caminho futurista promissor, aproveitando as interações eletromagnéticas no nível quântico. Essa abordagem não apenas promete segurança sem precedentes nas transmissões de dados, mas também nos força a reconsiderar tudo o que acreditamos saber sobre comunicação e privacidade.

À medida que continuamos a explorar e investigar o vasto campo do eletromagnetismo, é nítido que precisamos permanecer curiosos e dedicados. A pesquisa em eletromagnetismo deve ser uma prioridade não apenas para cientistas, mas também para todos nós como sociedade. É através do incentivo ao aprendizado, à educação e à inovação que novas possibilidades surgem, levando a um mundo onde o eletromagnetismo continua a ser uma força vital.

Assim, a posição que tomarmos em relação ao electromagnetismo impactará inevitavelmente nossas vidas e o futuro do planeta. Estamos diante de um caminho vibrante, onde a ciência não é apenas uma disciplina acadêmica, mas uma força que acende a chama da curiosidade humana e do progresso. É fundamental continuar se perguntando, explorando e inovando para que possamos atingir novas e extraordinárias realizações.

Neste ponto, encerramos nosso capítulo sobre o futuro do eletromagnetismo na tecnologia, mas a jornada continua à medida que nos aprofundamos nos desafios e desenvolvimentos da física moderna. A próxima seção nos levará a refletir sobre como o eletromagnetismo interage com o nosso dia a dia e as novas descobertas que podem emergir a partir disso. E assim, a exploração não termina.

Capítulo 5: Eletromagnetismo e Luz

A luz é uma das manifestações mais fascinantes do eletromagnetismo, moldando não apenas o nosso entendimento do universo, mas também a nossa própria existência. Neste capítulo, nos aprofundaremos no espectro eletromagnético, uma vastidão que abriga não só a luz visível, mas também uma infinidade de ondas que nos cercam e que, muitas vezes, não conseguimos ver ou perceber.

O espectro eletromagnético consiste em uma rica gama de ondas, desde as longas e lentamente ondulantes ondas de rádio até os raios poderosos e energéticos das radiações gama. Entre esses extremos, encontramos categorias como micro-ondas, luz visível e raios ultravioletas. Cada uma dessas ondas possui características únicas e desempenha papéis cruciais em nossa vida quotidiana. A luz visível, que é a porção do espectro que nossos olhos cansados conseguem detectar, é, na verdade, apenas uma pequena fração de um espectro muito mais extenso. Isso nos leva a refletir sobre as vastas dimensões que nessa arrebatadora tapeçaria de ondas eletromagnéticas.

Este entendimento não apenas amplia nossa apreciação pela complexidade do universo, mas também ressalta a importância vital da luz em nosso cotidiano. A natureza da iluminação permite que as plantas cresçam, que os seres humanos vejam o mundo ao seu redor e que a tecnologia moderna evolua rapidamente. Para muitos, a luz é sinônimo de vida, de energia; sem ela, o ciclo da vida, que dá origem aos relacionamentos e interações sociais, se transformaria em uma escuridão densa. Assim, reconhecer a importância da luz é um passo rumo à compreensão da profunda relação que temos com o eletromagnetismo.

E a intersecção entre a luz e o eletromagnetismo é onde as maravilhas se desenrolam. O fenômeno de como um feixe de luz pode ser tanto uma onda quanto uma partícula nos faz mergulhar nas profundezas do que significa "luz". A exploração dessas ondas não é apenas uma questão científica; é uma viagem pela filosofia da própria natureza da realidade. Este diálogo entre a teoria e a observação é vintage, iniciando o riquíssimo campo da pesquisa que reconhecemos hoje.

À medida que nos aventuramos por este capítulo, iremos de encontro a conceitos que nos testarão e desafiarão a entender a dualidade da luz e como isso é aplicado em diversas tecnologias. Através deste processo, construiremos um panorama que aborde não apenas as bases físicas dessas interações, mas também as aplicações práticas do eletromagnetismo em nossa vida cotidiana — desde a óptica até as comunicações modernas. Assim, prepare-se para desbravar o enigmático mundo do eletromagnetismo e sua resplandecente luz!

A luz é um fenômeno que nos intriga desde tempos imemoriais. A dualidade da luz, que a define tanto como uma onda quanto como uma partícula, nos leva a um profundo mergulho nas complexidades da física moderna. Essa dualidade não é um capricho da natureza, mas uma expressão intrínseca das leis que regem o universo. Para ilustrar essa ideia, revisitemos o famoso experimento da fenda dupla, realizado por Thomas Young no século XIX. Ao direcionar um feixe de luz através de duas fendas próximas, em vez de se comportar como partículas disparadas em linha reta, a luz cria um padrão de interferência. Isso demonstra que, quando não observada, a luz se comporta como uma onda, capaz de produzir mais de um caminho simultaneamente.

    Entretanto, quando tentamos medir o caminho que a luz tomou, o padrão de interferência desaparece, e a luz se comporta como partícula. Esse fenômeno levanta questões dignas de filósofos: se a observação altera a realidade, que lugar a consciência ocupa na mecânica do cosmos? Ao mesmo tempo em que demanda nosso entendimento científico, também nos provoca a contemplar a essência do nosso papel no universo.

    A dualidade da luz também é sustentada por fortes fundamentos teóricos. A teoria das ondas de James Clerk Maxwell lançou luz sobre as interações entre campos elétricos e magnéticos, estabelecendo as bases para a compreensão moderna da luz como uma onda eletromagnética. Combinando isso com a teoria quântica, introduzida por científicos como Max Planck e Albert Einstein, a linguagem que usamos para descrever a luz se torna rica e multidimensional. Fótons, que são os quanta da luz, não só transportam energia, mas também conectam os campos da física clássica e quântica de maneira que altera fundamentalmente nossa percepção do que significa ser iluminado.

Essas verdades científicas não são apenas teóricas — elas têm aplicações práticas que afetam nossas vidas diárias. A tecnologia de comunicação, por exemplo, se baseia na manipulação de ondas de luz através de fibras ópticas. Essa inovação revolucionária é uma das razões pelas quais a internet e outras formas de comunicação moderna funcionam com tanta eficiência. Ao transmitirem dados quase na velocidade da luz, esses sistemas nos conectam de maneiras que há algumas décadas pareceriam fantásticas.

O entendimento da dualidade da luz abre uma porta para novas fronteiras na ciência. Pesquisadores estão investigando possibilidades intrigantes, desde computação quântica até a criação de dispositivos que aproveitam a luz e suas propriedades para soluções inovadoras em tecnologia e medicina. O futuro é repleto de mistérios e promessas, e o conhecimento que adquirimos hoje sobre a dualidade da luz nos prepara para desvendá-los.

Dessa maneira, a jornada através da dualidade da luz não é apenas uma exploração científica; é uma viagem pela própria essência da realidade. Este entendimento se torna o alicerce sobre o qual construiremos mais conceitos, sempre mantendo em mente a beleza intrínseca do eletromagnetismo e sua dança sublime de ondas e partículas que iluminam nossa compreensão do mundo à nossa volta. À medida que prosseguimos, continuaremos a integrar essa teoria à nossa vivência cotidiana, explorando as aplicações práticas da óptica e do eletromagnetismo, que moldam tecnologia e sociedade como conhecemos.

A luz, essa maravilha do espectro eletromagnético, se desdobra em várias aplicações práticas que permeiam nosso cotidiano e revolucionam a forma como interagimos com o mundo. Do simples ato de enxergar ao funcionamento de tecnologias que dependem das propriedades da luz, vamos explorar como essas interações eletromagnéticas se manifestam no dia a dia de maneira fascinante.

Os princípios ópticos, que são diretamente derivados do entendimento do eletromagnetismo, são utilizados em dispositivos tão comuns quanto óculos e microscópios. Os óculos, por exemplo, não são apenas acessórios; eles são engenhocas que moldam a luz ao nosso redor para corrigir problemas de visão, permitindo que milhões de pessoas enxerguem o mundo com clareza. Ao projetar as lentes, que têm a capacidade de dobrar a luz através da refração, a ciência se torna uma parte vibrante da vida, step realmente fundamental na sua luta contra a miopia ou o astigmatismo.

Os microscópios, por sua vez, são instrumentos que transformaram a biologia e as ciências médicas. Eles agem como ondas magnéticas, permitindo que pesquisadores mergulhem em mundos invisíveis a olho nu. Com estas ferramentas, conseguimos estudar as estruturas celulares, observar o comportamento de micro-organismos e desenvolver tratamentos que, sem essa pesquisa, seriam impossíveis. A capacidade de magnificar a realidade revela como a luz, que transforma as nuances da vida, é um verdadeiro porto seguro para o conhecimento.

Além dos microscópios, as tecnologias de comunicação modernas, como as fibras ópticas, utilizam a luz para transmitir imensas quantidades de dados com velocidade e eficiência impressionantes. As fibras ópticas permitem que informações sejam enviadas quase na velocidade da luz, estabelecendo um intricado sistema de comunicações que conecta bilhões de pessoas ao redor do globo. Essa transformação é o resultado do aproveitamento das propriedades da luz onde a reflexão total interna se torna o segredo da eficiência na transmissão de informação.

Na esfera das artes, a fotografia ilustra uma interação delicada entre luz e criatividade. As câmeras, que utilizam dispositivos como obturadores e filtros, não só permitem capturar imagens, mas também nos dão a capacidade de compartilhar experiências, histórias e emoções com o mundo. Cada foto é uma fusão do eletromagnetismo e da visão humana, um momento precioso cristalizado pela luz.

À medida que está claro, a luz não é apenas um conceito científico; ela é um tecido que liga áreas da vida e da ciência, costurando um mundo vibrante de possibilidades. O domínio da óptica, aliado ao entendimento do eletromagnetismo, enriquece nossa experiência e nos inspira a continuar buscando conhecimento. Na seção seguinte, nos aventuraremos nas fronteiras da pesquisa contemporânea, examinando como a luz e o eletromagnetismo moldam a ciência moderna e oferecem um vislumbre do futuro que aguarda ansiosamente por inovações.

A pesquisa sobre a interação entre o eletromagnetismo e a luz não é apenas um campo de rigor científico, mas um caminho que leva a novas possibilidades de inovação e entendimento. Atualmente, as investigações visam diversas áreas de aplicação, incluindo a fotônica, tecnologia de comunicação e medicina. A fotônica, que estuda a geração, controle e detecção de luz, tem apresentado rápidas inovações nos últimos anos, permitindo que a ciência explore como a luz pode ser manipulada para criar novos dispositivos capazes de operar com maior eficiência e menor custo.

Novas abordagens na manipulação das propriedades da luz, como a superfície de plasmons e ondas ópticas não lineares, abrem um novo horizonte para o desenvolvimento de tecnologias que podem revolucionar a maneira como interagimos, comunicamos e acessamos informações. Assim, a pesquisa é um campo vibrante e essencial, prometendo inovações que têm o potencial de alterar paradigmas atuais em ciência e tecnologia.

Entretanto, os desafios ainda são significativos. Uma das dificuldades é entender e controlar efetivamente a interação da luz com a matéria em níveis quânticos, o que exige uma colaboração interdisciplinar notável entre físicos, engenheiros e cientistas dos materiais. Este campo também se depara com limitações práticas, como a dissipação de energia e perdas durante a transmissão de dados, que precisam ser solucionadas antes de um amplo uso das tecnologias baseadas em luz.

O futuro do eletromagnetismo e da luz, por tanto, não reside apenas nas teorias construídas até agora, mas também nas possibilidades ainda não exploradas. Mobilizare-se nesta linha de pesquisa pode levar ao surgimento de aplicações inesperadas que poderiam transformar radicalmente nossas vidas, desde sistemas de comunicação mais rápidos e seguros até tratamentos médicos inovadores que poderiam melhorar a qualidade de vida.

Com isso, cremos que a interseção do eletromagnetismo e da luz representará um pilar fundamental para os megaavanços nas próximas décadas. Mediante avanços tecnológicos, nos aproximamos de um futuro que não fazemos ideia das belezas e da criatividade que ele trará, evocando a força criativa do conhecimento que nos impulsiona a desafiar o que conhecemos e a buscar novos horizontes.

Portanto, à medida que finalizamos este capítulo, somos convidados a refletir sobre a importância do conhecimento contínuo e das descobertas que se escondem nas entrelinhas do espectro eletromagnético. O futuro da pesquisa em eletromagnetismo e luz é também uma jornada pela curiosidade humana, que nos instiga a procurar sempre mais, empurrando os limites do nosso entendimento e nos permitindo sonhar com as inovações que ainda estão por vir.

Capítulo 6: Eletromagnetismo e Astronomia

A Luz das Estrelas e a Informação que Elas Nos Oferecem

Quando a noite se instala, o céu se transforma em um vasto painel repleto de estrelas, cada uma delas uma fonte de luz que cintila no escuro. Mas essa luz não é apenas uma visão deslumbrante; ela carrega segredos profundos sobre o universo, revelando a história que se desenrola há bilhões de anos. A espectroscopia entra em cena como uma ferramenta essencial para extrair informações valiosas dessa luz estelar. Através dela, os cientistas não apenas veem, mas analisam a composição química, a temperatura e até mesmo o movimento das estrelas. A luz que nos chega é como um eco distante, contando-nos sobre a vida das estrelas e dos planetas em um tempo em que o homem ainda não existia.

Os astrônomos utilizam prismas e redes de difração para separar a luz em seus diferentes comprimentos de onda, isso nos permite observar espectros que são verdadeiras impressões digitais de corpos celestes. Cada linha única em um espectro corresponde a elementos e moléculas específicas. É fascinante perceber que um simples feixe de luz que atravessa anos-luz pode nos dizer se uma estrela é composta de hidrogênio, hélio ou até elementos pesados como o ferro. Dessa forma, a luz se transforma em um poderoso mensageiro do cosmos.

O estudo da luz das estrelas não se limita a observações; é uma janela para entender a dinâmica do espaço. Através dela, também conseguimos medir distâncias astronômicas e perceber que o universo está em constante expansão. Com técnicas como a paralaxe e a utilização de estrelas mais próximas como referência, os cientistas conseguem calcular a distância de objetos cósmicos, trazendo uma nova dimensão à nossa compreensão astronômica.

À medida que essa jornada de descobertas se desenvolve, fica claro que a luz das estrelas se entrelaça de forma intrínseca com a nossa própria existência. É um lembrete constante de que somos feitos de poeira de estrelas, que os elementos que constituem nosso corpo foram forjados em fornalhas cósmicas e que todos fazemos parte de um cosmos vasto e intrincado. Tal conexão torna o estudo da astronomia não apenas uma busca por compreensão, mas uma exploração do que significa ser humano em um universo tão grandioso.

Assim, ao observamos as estrelas, devemos lembrar que cada ponto de luz no céu noturno está nos contando uma história antiga. A luz que viaja por milhões de anos-luz até chegar a nós é o testemunho silencioso da passagem do tempo; um testemunho que não apenas ilumina nossa noite, mas também ilumina a vastidão do nosso conhecimento. Esta narrativa entrelaçada de luz e universo nos faz perceber que a busca por resposta vai além das estrelas, eleva-nos a um novo entendimento sobre nosso lugar neste vasto milagre chamado cosmos.

Os fenômenos eletromagnéticos no cosmos revelam um universo dinâmico e em constante transformação. Em diferentes ambientes cósmicos, as interações da luz e das ondas eletromagnéticas assumem formas surpreendentes. Um exemplo emblemático é o das pulsações de rádio emitidas pelos pulsars. Esses corpos celestes, que são na verdade estrelas de nêutrons em rápida rotação, emitem rajadas potentemente energéticas de rádio que podem ser detectadas na Terra. Essa emissão é o resultado do intenso campo magnético que circunda esses objetos densos, e a precisão com que conseguimos rastrear seu sinal fornece pistas sobre a estrutura interna das estrelas e a dinâmica da absorção de matéria.

Outro fascinante fenômeno são os raios gama, que originam-se em eventos cósmicos extremos, como a colisão de estrelas ou a explosão de supernovas. Essas explosões gigantescas liberam energia suficiente para gerar radiações exorbitantes que permeiam o universo. As descobertas sobre os raios gama têm mobilizado cientistas em missões para entender melhor esses fenômenos, já que eles não apenas iluminam aspectos chaóticos do universo, mas também oferecem informações cruciais sobre a física quântica, permitindo desvelar a natureza violenta de algumas das forças mais potentes que governam o cosmos.

Os buracos negros, por sua vez, são locais que desafiam as nossas noções mais fundamentais sobre a física. Embora costumem ser descritos como regiões de absoluta escuridão, onde nada pode escapar de sua gravidade, eles também são fontes de intensa radiação eletromagnética. Quando a matéria é tragada para dentro de um buraco negro, ela se aquecida a temperaturas elevadas, emitindo radiação em um fenômeno conhecido como "acrétion". Essa radiação pode ser detectada por telescópios, proporcionando um meio de estudar o que se passa nas proximidades desses mistérios do cosmos.

As interações da radiação cósmica com o plasma interestelar também ilustram a beleza dessa dança eletromagnética. Quando partículas cósmicas atravessam o plasma disponível entre as estrelas, elas interagem causando emissões de luz que podem ser observadas. Essa radiação contribui para o background cósmico que permeia nossa ascensão na atmosfera, e o estudo dessas interações traz um novo panorama sobre a atmosfera e as condições em que nosso planeta existe.

Esses fenômenos não são apenas enigmas a serem resolvidos; eles são também janelas que nos permitem vislumbrar um universo vibrante e complexo. Cada descoberta sobre esses fenômenos eletromagnéticos não só aprofunda nosso entendimento científico, mas também nos conecta em um nível mais amplo com a vastidão do cosmos. Portanto, ao contemplar a noite estrelada, podemos recordar que a luz que vemos é apenas uma peça desse quebra-cabeça intrigante que é a nossa existência e o papel que desempenhamos nesse imenso teatro cósmico. A luz, na verdade, é uma chave que abre portas para o entendimento não só do universo, mas também para a revelação da essência da própria vida.

A interação da radiação cósmica com a atmosfera terrestre é um verdadeiro espetáculo da mecânica do universo, revelando as complexidades que sustentam nosso planeta e a vida como a conhecemos. À medida que essas partículas energéticas atingem a Terra, elas desencadeiam uma série de reações que não apenas impactam nossa tecnologia, mas também a saúde humana. Neste segmento, vamos explorar as consequências da radiação cósmica e o que isso significa para nós, aqui em nosso lar planetário.

A atmosfera terrestre atua como um escudo, protegendo a vida de níveis prejudiciais de radiação proveniente do espaço. Esse manto gasoso filtra a maioria das radiações mais severas, como os raios gama e radiações X, mas não está totalmente a salvo dos efeitos das radiações cósmicas. Quando essas partículas atingem a alta atmosfera, geram cascatas de radiação secundária que resultam em uma variedade de partículas subatômicas, como múons e elétrons que permeiam nosso ambiente.

Essas partículas podem ter impactos significativos em nosso dia-a-dia. Por exemplo, satélites e naves espaciais estão constantemente expostos a esses raios cósmicos, que podem danificar eletrônicos e inibir funções críticas. Tecnologias de comunicação e navegação, que dependem da operação precisa de essas máquinas, podem ser afetadas, exigindo constantes atualizações e proteção para minimizar os danos. O conhecimento sobre esses riscos é uma área vital na engenharia espacial, onde medidas preventivas são implementadas para garantir a segurança de astronautas e a integridade de sistemas eletrônicos.

Ainda mais intrigante é o efeito que essa radiação pode ter em nós, seres humanos. Estudos demonstraram que a exposição prolongada à radiação cósmica pode aumentar os riscos de câncer e outras condições de saúde. Assim, aqueles que residem em altitudes elevadas ou que são frequentemente expostos ao espaço—como astronautas e pilotos de avião—são monitorados para se avaliar suas exposições e os possíveis efeitos a longo prazo.

O impacto da radiação cósmica não se limita à tecnologia e à saúde; ele nos fornece também pistas sobre a evolução da Terra e sua atmosfera. A interação dessa radiação com partículas atmosféricas pode gerar nuvens, influenciando o clima e o padrão de precipitação na superfície. Este conhecimento é crucial em estudos climáticos, pois nos proporciona uma compreensão mais profunda dos processos que influenciam o equilíbrio de nosso planeta.

Assim, a radiação cósmica, embora invisível e frequentemente gentilmente filtrada pela nossa atmosfera, tem um papel essencial em nossa compreensão da física, da tecnologia e da saúde. Ela nos ensina que tudo no universo está interconectado e que cada onda de radiação carregada de informações impacta nossas vidas cotidianas de maneiras que muitas vezes não percebemos. Ao explorarmos essa dança cósmica, somos simultaneamente desafiados a refletir sobre nossa vulnerabilidade e a resiliência oferecer a nós, enquanto navegamos pelas profundezas do cosmos e nos aprofundamos nas complexidades da vida.

A busca pela vida além da Terra através do eletromagnetismo nos lança a um território fascinante, onde a ciência se entrelaça com uma de nossas mais profundas curiosidades humanas: estamos sozinhos no universo? A construção de uma narrativa em torno dessa busca não é apenas uma jornada por respostas, mas um testamento da nossa aspiração de conectar com o desconhecido.

Nos últimos anos, instituições como a NASA, junto a várias organizações de exploração espacial, intensificaram seus esforços para detectar sinais de vida fora da Terra. Utilizando a imensidão do espaço como um palco, o eletromagnetismo exercer um papel crucial nesse processo. As tecnologias de rádio, em especial, têm sido uma ferramenta vital na captação de frequências que possam sugerir a presença de civilizações extraterrestres.

Imagine a vastidão do cosmos, um silêncio profundo, e, neste silêncio, um sinal. Desde a década de 1960, a busca por esses sinais, conhecido como SETI (Search for Extraterrestrial Intelligence), se apoia na ideia de que, se existem formas inteligentes de vida, elas podem se comunicar usando formas de radiação eletromagnética. Antenas direcionais captam ondas que se propagam através do espaço e são digitalizadas para análise. Cada sinal que se encontra é uma esperança renovada de que o silêncio possa ser rompido.

Um exemplo emblemático dessa pesquisa se dá com o uso de telescópios espaciais como o Hubble, que não apenas observa estrelas e galáxias, mas também investiga exoplanetas, aqueles que orbitam outras estrelas. A metodologia de rastreamento da luz que passa através da atmosfera desses planetas é semelhante à espectroscopia que nos permitiu investigar a composição de estrelas. Essa luz revela nos elementos químicos presentes, algo que pode indicar se um planeta é capaz de sustentar vida.

A possibilidade de vida em outros mundos é um campo que, juntamente com as investigações científicas, batiza-se com o desejo humano por exploração. Múltiplas missões, como a viagem do rover Perseverance a Marte, visam buscar não apenas evidências de vida passada, mas também analisar o ambiente e as rochas do planeta que, um dia, podiam conter vestígios de organismos.

Neste novo capítulo da nossa compreensão, refletir sobre o papel do eletromagnetismo não é apenas uma análise científica, mas uma empreitada que envolve a imaginação e os nossos sonhos mais elevados. Ao tirarmos conclusões sobre nosso lugar no cosmos, somos lembrados de que cada luz que vemos no céu não é apenas uma estrela a brilhar, mas a possibilidade de outros seres conscientes, companheiros de viagem em uma vasta jornada que apenas começamos a explorar.

Nesse sentido, é imprescindível que continuemos a vasculhar os céus, a sintonizar nossos instrumentos com a esperança calada de que a luz que captamos um dia traz will bring the answer para a pergunta que ecoa em nossa psique: será que não estamos sozinhos? Este tema apela à nossa curiosidade inerente e nos lembra que a busca pela vida além da Terra, através das ondas do eletromagnetismo, não é apenas uma busca por alienígenas, mas uma assimilação profunda da nossa própria essência e local de pertencimento no universo.

Capítulo 7: Eletromagnetismo e Teoria da Relatividade

A Evolução das Ideias Científicas

Na vastidão da história científica, o eletromagnetismo surgiu como um dos pilares que sustentaram a compreensão moderna da física, deslanchando uma sequência de ideias que, eventualmente, elucidaram os mistérios do universo. Com a mente curiosa e indagadora de cientistas do século XIX, o campo do eletromagnetismo começou a tomar forma, especialmente com os trabalhos de figuras visionárias como Michael Faraday e James Clerk Maxwell. Eles pavimentaram o caminho para uma mudança de paradigma, onde a eletricidade e o magnetismo deixaram de ser considerados fenómenos isolados para se tornarem partes de um fenômeno unificado.

    Maxwell, em sua busca pela síntese e pela harmonia, formulou as famosas equações que descrevem como as forças elétricas e magnéticas interagem, criando a base do campo eletromagnético. Essa conexão, no entanto, deixava algumas perguntas sem resposta, especialmente em relação a como essas forças se comportavam em escalas astronômicas. O familiar limite das leis de Newton e sua incapacidade em adaptar-se a certos fenômenos observáveis, como o movimento de planetas e a velocidade da luz, sinalizavam que um novo conceito estava prestes a emergir.

Enquanto se desenvolvia essa junção de ideias, Albert Einstein começava sua jornada intelectual. Os domínios do espaço e tempo sempre fascinaram o jovem físico, e ao se deparar com as regras do eletromagnetismo, ele entendeu que as percepções anteriores sobre a natureza dessa realidade era precária. Em 1905, um salto quântico nas ideias científicas ocorreu com a elaboração da Teoria da Relatividade Restrita. Einstein desafiou a tradicional concepção de que o espaço e o tempo eram absolutos, propondo que dependiam do movimento do observador. Essa visão não só alterou a maneira como percebíamos as interações eletromagnéticas, mas também tornou-se a chave para desvendar os mistérios que cercam a gravidade.

Assim, a evolução do eletromagnetismo não foi um mero avanço tecnológico, mas sim uma revolução no pensamento humano. O diálogo entre Maxwell e Einstein simboliza a transição de um mundo de certezas para um espaço de incertezas e complexidade, onde espaço, tempo e energia se intriguem numa dança elétrica. À medida que exploramos essa nova cosmovisão, compreendemos que o entendimento das interações eletromagnéticas não é apenas sobre números e equações; trata-se de um convite à reflexão sobre as próprias fundações do nosso universo e a busca incessante por respostas que moldam o destino e o futuro da humanidade.

Neste contexto, perceberemos que cada teoria é como uma onda de luz cortando a escuridão do desconhecido, e que a jornada pela verdade na física é, sem dúvida, uma das mais emocionantes, repleta de novas descobertas, desafios e deslumbramentos que aguardam aqueles que ousam cruzar as fronteiras do que é conhecido.

Os Fundamentos da Teoria da Relatividade

Quando se fala em compreender o universo, poucos conceitos são tão transformadores quanto a Teoria da Relatividade proposta por Albert Einstein. As premissas dessa teoria não apenas revolucionaram a física, mas também nos presenteou com uma nova forma de enxergar o espaço e o tempo. Aqui, adentramos os fundamentos dessa ideia magistral, começando pelo seu embrião — a interconexão do espaço e do tempo.

A Relatividade Especial, formulada em 1905, alicerça-se em dois postulados essenciais. O primeiro é a constância da velocidade da luz, que manteve-se inabalável, independentemente do movimento do observador, desafiando a lógica clássica que reinava até então. O segundo postula que as leis da física são as mesmas para todos os observadores, não importando seu estado de movimento. Esses princípios não só mudaram o que entendemos como movimento, mas também como percebemos a própria realidade.

Com a ideia de que o espaço e o tempo não são entidades isoladas, mas componentes de um único continuum, Einstein apresentou a notável noção de que a gravidade não é apenas uma força, mas a curvatura do espaço-tempo causada por massas. Imagine, então, um imenso tecido que se deforma com a presença de objetos pesados, como estrelas e planetas; essa deformação é o que percebemos como gravidade. Essa visão trouxe uma nova profundidade à compreensão das forças que moldam nossa experiência diária.

Para ilustrar essa conexão, consideremos o famoso experimento do elevador. Se você estiver em um elevador em queda livre, a ausência de peso faz com que a gravidade se torne quase imperceptível. Da mesma forma, se alguém estivesse em um espaço em movimento constante, sem forças externas agindo, essa pessoa não poderia distinguir se estava em queda livre ou em repouso em um ambiente estático. Essa ilusão de gravidade e movimento desafia nossas percepções e destaca a íntima relação entre os dois.

Além disso, a Relatividade Geral, publicada em 1915, expande esses conceitos ao incluir a influência do tempo na percepção espacial. Aqui, a dilatação temporal — a ideia de que o tempo pode passar a diferentes velocidades dependendo da gravidade e da velocidade de um objeto — desencadeou reflexões filosóficas sobre a própria natureza da realidade. Em termos práticos, isso se torna evidente em sistemas de posicionamento global (GPS), onde correções relativísticas são necessárias para garantir a precisão na navegação.

Os impactos da Teoria da Relatividade vão além da física pura. Eles penetraram na própria filosofia da ciência, gerando discussões sobre a natureza do tempo, a realidade e a experiência humana. O que parece ser simples e absoluto na vida cotidiana, quando analisado sob a luz das descobertas de Einstein, revela sua complexidade e interdependência.

Neste contexto, as ideias de Einstein nos convidam a refletir não apenas sobre as leis que regem o universo, mas sobre como essas leis se entrelaçam com nossas vidas. O desafio, portanto, não é entender apenas números e fórmulas, mas captar a essência de que tudo está conectado — cada espaço e tempo serve a um propósito mais amplo, revelando um espetáculo que vai muito além do que os olhos podem ver.

À medida que mergulhamos mais fundo neste universo interconectado, perceberemos que as folhas de um grande livro cósmico são escritas em uma linguagem que é simultaneamente matemática e poesia. O eletromagnetismo e a relatividade, juntos, não apenas moldam nosso entendimento do cosmos, mas, de maneira sublime, inspiram nossas almas a buscar mais do que respostas para perguntas — eles nos instigam a explorar o que significa realmente existir no vasto e misterioso teatro do universo.

As interações entre o eletromagnetismo e a relatividade não se limitam apenas à teoria ou às equações; elas aceitam sua integridade em múltiplas dimensões. Nas mentes mais brilhantes da física, como Einstein e Maxwell, a visão de um universo interconectado foi fundamental, propondo que as forças eletromagnéticas são mais do que meros fenômenos. Elas são peças-chave em uma tapeçaria cósmica onde o tempo e o espaço se entrelaçam em uma dança complexa.

A proposta de que o campo eletromagnético pode ser alterado pela velocidade do observador desafia a nossa percepção intuitiva de realidades absolutas. A interpretação da luz, por exemplo, torna-se dual; um raio pode se comportar como uma partícula ou uma onda, dependendo do contexto em que é observado. Essa dualidade, desencadeada pelo movimento, gera fenômenos que refletem a essência do cosmos, como a distorção do espaço-tempo causada por enormes massas e a capacidade de luz de curvar-se ao redor de objetos massivos, como galáxias e buracos negros.

Esses entendimentos revelam também os princípios subjacentes de novas tecnologias. Um exemplo disso é o GPS, onde a relatividade é aplicada, calculando as correções necessárias para que as ondas eletromagnéticas permaneçam precisas na comunicação entre satélites e receptores na Terra. Se essa relação não existisse, a diferença entre um destino exato e um equívoco desastroso seria irreparável.

Equações relativísticas, como as de Lorentz, não apresentam apenas variações em velocidade, mas impactam diretamente a física do eletromagnetismo ao demonstrar como os campos elétrico e magnético se transformam em um circuito dinâmico durante a transição entre estados de movimento. Os efeitos do Doppler, por exemplo, tornam-se visíveis em ondas de luz e som, permitindo que as frequências mudem dependendo do movimento relativo entre fonte e observador.

Visualizar essas interações num esquema mais amplo é essencial. Imagine, por um momento, um carro em movimento em direção a um farol. À medida que o carro se aproxima, a luz do farol parece mais intensa — isso é uma consequência direta do efeito Doppler. Em uma escala cósmica, isso significa que objetos em movimento, como estrelas e galáxias, podem ser estudados em sua luminosidade e sua velocidade para nos fornecer indícios sobre a própria estrutura do universo.

Utilizando diagramas e representações educativas, podemos trazer esses conceitos à vida, facilitando o entendimento visual e intuitivo do leitor. A relação entre velocidade, frequência e a interdependência espacial é um aspecto fascinante do eletromagnetismo, que não pode ser ignorado ao investigarmos a natureza do universo em que estamos imersos.

Por fim, a compreensão da relação entre eletromagnetismo e relatividade nos convida a um novo olhar sobre as questões mais fundamentais que permeiam a existência humana. O que, por muito tempo, foi considerado como separações entre forças naturais, agora se revela como uma intersecção intensa e vívida, onde a curiosidade humana pode encontrar um terreno fértil para novas descobertas, despertando uma reflexão sobre nosso lugar neste magnífico e complexo cosmos.

Ao aprofundarmos essa discussão, somos imediatamente levados a pensar no panorama maior da pesquisa científica atual. Assim, ao seguirmos em nossa jornada, o próximo passo nos permitirá explorar as repercussões contínuas e os desenvolvimentos futuros derivados dessa combinação, onde a sinergia entre a física clássica e a relatividade molda o curso da investigação científica moderna.

As consequências da união entre o eletromagnetismo e a teoria da relatividade têm se revelado mais do que meras curiosidades físicas; elas ajustaram a maneira como compreendemos o espaço, o tempo e, consequentemente, a realidade do cosmos. Olhando para o futuro, essas interações clave prometem abrir portas para inovações incríveis na ciência e na tecnologia. À medida que avançamos na pesquisa, encontramo-nos em um ponto em que naufragar entre a física clássica e a quântica se tornou um prioridade.

    As tecnologias quânticas, que estão em sua infância, já demonstraram potencial para revolucionar áreas como computação, criptografia e comunicação. Ao interligar as teorias de eletromagnetismo à mecânica quântica, conseguiremos explorar áreas ainda inexploradas do universo. Agora, mais do que nunca, a entender como as ondas eletromagnéticas operam em nivel quântico se tornará igualmente crucial enquanto trabalhamos para desvendar os segredos mais ocultos da matéria e da energia.

    No campo de astrofísica, a fusão de conceitos de eletromagnetismo com a relatividade está posicionada para enriquecer nosso entendimento sobre a execução do cosmos. A detecção de ondas gravitacionais, por exemplo, destaca como essas ideias podem convergir para revelações notáveis sobre eventos cataclísmicos — como fusões de buracos negros. Essas detecções não são meramente eventos isolados, mas sim uma entrada para desvendar o profundo potencial da ciência que relaciona gravidade e ondulação eletromagnética.

À medida que continuamos a viajar por esse território complexo, torna-se claro que a colaboração entre cientistas, engenheiros e pensadores criativos será essencial para desenhar o futuro da física. O que podemos esperar somos novos paradigmas, onde interações históricas ganharão novos significados e onde o potencial humano de compreensão poderá finalmente desvendar os mistérios que nos cercam.

Além disso, a biotecnologia pode usufruir da aplicação de princípios eletromagnéticos na manipulação de materiais biológicos, abrindo possibilidades para inovações que transformariam nossa abordagem em diversas áreas, da medicina à agricultura. Esse caminho interliga-se à nossa incessante busca por soluções para os desafios globais que enfrentamos.

Dessa forma, a jornada pelo entendimento da interação entre eletromagnetismo e relatividade não é meramente uma recolha superficial de teorias — é uma busca que ressoa profundamente com nossa condição humana: o desejo de não apenas compreender o universo, mas de desenhar e deixar um legado que reverbera por gerações. A responsabilidade que acompanha o nosso conhecimento é imensa, pois a partir dele, os próximos capítulos da história científica serão escritos por aqueles que ousam sonhar e explorar.

Assim, ao encerrarmos este capítulo, é imperativo que se mantenham os laços entre teoria e prática, entre ciência e humanidade. A interconexão que permeia as descobertas da física e suas aplicações é, por fim, uma representação de como somos todos parte de uma tapeçaria muito maior, onde cada fio, cada experiência, cada ideia desempenham um papel crucial na revolução contínua do conhecimento. A dança entre o eletromagnetismo e a relatividade nos proporciona uma visão não só profunda do universo, mas também do que significa realmente ser humano neste vasto e intrigante cosmos.

Capítulo 8: Revoluções no Pensamento Científico

As revoluções científicas não acontecem de forma isolada; elas são fruto do trabalho contínuo e colaborativo de grandes pensadores que ousam desafiar as convenções. Neste capítulo, dedicamos nossas páginas a duas figuras monumentalmente influentes: James Clerk Maxwell e Albert Einstein. Cada um, em sua época, abriu portas que antes estavam trancadas para a compreensão do universo e o funcionamento das forças que nele operam.

Maxwell despertou a curiosidade do mundo com suas equações, que, como pinceladas em uma tela de Leonardo da Vinci, revelavam a harmonia subjacente entre eletricidade e magnetismo. Ele não apenas trouxe à luz os segredos do eletromagnetismo, mas também estabeleceu as bases do campo eletromagnético, que mais tarde se tornaria um dos pilares da tecnologia moderna. As quatro equações, que sintetizam as interações entre cargas elétricas e campos magnéticos, mudaram a forma como pensamos sobre as forças invisíveis que moldam nosso cotidiano. Graças a Maxwell, a luz deixou de ser um fenômeno isolado; ela passou a ser vista como uma onda eletromagnética, parte de um vasto espectro que permeia nossa realidade.

Entretanto, enquanto Maxwell semeava as ideias que conectariam a eletricidade à luz, Albert Einstein estava prestes a dar um salto quântico em nossa percepção temporal e espacial. A Revolução da Relatividade não foi apenas a inauguração de novas teorias; foi uma reinterpretação fundamental do que significa existir. Einstein desafiou a noção de um espaço e tempo absolutos, propondo que ambos estivessem entrelaçados de forma intrínseca e dependessem da posição e do movimento do observador. Esse conceito desestabilizou as convicções de séculos, conduzindo a ciência a um caminho de incertezas e novas possibilidades.

No processo de absorver e integrar as ideias em evolução de Maxwell, Einstein começou a ver o universo não como um mosaico de partículas individuais, mas como um todo interconectado, onde cada elemento dança em sincronia com os outros. Essa visão holística ressoou com o pensamento filosófico ao longo da história e agora, à luz do acadêmico, abraça um novo significado, onde não apenas a física, mas também a nossa compreensão da vida é perturbada. A visão de Einstein sobre a gravidade como uma curvatura do espaço-tempo foi uma revolução que girou em torno de si mesma, revelando que a realidade não pode ser entendida em fragmentos, mas sim em um contexto abrangente.

Foi, portanto, esta dança entre Maxwell e Einstein, entre suas ideias, suas descobertas e sua vasta influência, que acendeu uma fervente curiosidade científica que, até hoje, se revela em nossas escolas e universidades. Histórias emocionantes de ambiente científico, repletas de desafios, debates e fervor, moldaram não apenas a experiência de estudantes e cientistas, mas também o mundo em que vivemos. A notoriedade desses dois nomes não reside apenas em suas benesses acadêmicas, mas no poder de inspirar gerações a se aventurar além dos limites do conhecimento estabelecido e a se tornarem exploradores do desconhecido.

Conforme falamos sobre as contribuições desses pioneiros, não podemos deixar de notar o impacto marcante de suas trabalhos na educação e na percepção pública da ciência. Maxwell e Einstein tornaram-se ícones não só no meio acadêmico, mas também na cultura popular, simbolizando a busca eterna por compreensão e verdade. A estrutura curricular de física foi adaptada para incluir suas ideias revolucionárias, incentivando estudantes não apenas a aprender, mas a questionar, refletir e desenvolver um pensamento crítico sobre as leis que regem o universo.

No entanto, não é esmagador pensar que este legado vai além das salas de aula; ele se filtra na consciência coletiva, alimentando o desejo de novas descobertas em todas as esferas da vida. Como resultado, jovens cientistas aparecem anualmente em competições, criando e desenvolvendo novas tecnologias e conceitos inspirados nas ideias de Maxwell e Einstein. O fascínio pela ciência, então, não se limita a apenas físicos e matemáticos, mas ressoa em artistas, escritores e sonhadores das mais diversas áreas.

À medida que avançamos, precisamos nos engajar seriamente no debate contemporâneo que foi aceso pelas contribuições de Maxwell e Einstein. Discursões sobre gravidade quântica, dualidade onda-partícula e unificação de forças são agora áreas cruciais de pesquisa e transformação na comunidade científica. O que antes era visto como um milagre da física está se transformando em um fio conductor de novas realidades e possibilidades. Neste contexto, é imperativo que científicos contemporâneos continuem a construir sobre as bases lançadas, unindo diferentes disciplinas e questionando limitações.

Com isso, temos uma visão dinâmica dos desafios futuros que inevitavelmente surgirão à medida que novos paradigmas se amplificam e adaptam à medida que as tecnologias emergem e a compreensão humana do cosmos se aprofunda. O legado de Maxwell e Einstein não é apenas válido em sentidos históricos, mas continuamente relevante, preparando o terreno para o que pode ser alcançado nas próximas gerações.

À medida que encerramos este bloco sobre as revoluções do pensamento científico, convidamos o leitor a padronizar o olhar não só sobre o legado que Maxwell e Einstein deixaram, mas sobre o que ainda está por vir. O grande legado desses pioneiros não é apenas um convite a lembrar, mas uma convocação a sonhar e a buscar desvendar os mistérios do cosmos, unindo aprendizado à ação, passado ao futuro, sempre em busca da verdade.

Este é o poder da ciência — uma jornada que começa com questões.

A revolução que James Clerk Maxwell e Albert Einstein proporcionaram não se restringe apenas ao âmbito científico, mas reverberou fortemente na maneira como educamos nossos jovens e cultivamos o interesse pela ciência. O impacto de suas descobertas se tornou um marco na educação científica, desafiando métodos tradicionais e inspirando um novo modelo de aprendizado que compõe um dos pilares mais relevantes da formação contemporânea.

Maxwell, com suas quatro equações que representam o eletromagnetismo, não apenas abandonou a ideia de fenômenos isolados, mas forçou o campo educacional a adotar uma abordagem interconectada. As aulas de física agora eram mais do que fórmulas em uma lousa; tornaram-se um diálogo sobre como as forças invisíveis moldam o mundo que nos cerca. As intersecções entre eletricidade e magnetismo foram colocadas sob os holofotes, permitindo que os estudantes não apenas aprendessem sobre teoria, mas também vissem a aplicação prática de conhecimento em tecnologias cotidianas, como eletricidade na nossa própria casa ou a luz que ilumina nossas noites.

Enquanto a obra de Maxwell abria portas para essa nova compreensão, a Revolução da Relatividade de Einstein seguia um caminho similar, embora mais radical. Sua teoria desafiava conceitos que eram considerados absolutos em física e, por consequência, refletia em uma mudança paradigmática na educação. A ideia de que espaço e tempo são maleáveis, que se entrelaçam como um tecido sob a presença de massa, deixou um legado que incluiu debates e discussões sobre o que realmente significa "realidade".

Com isso, novas possibilidades surgiram nas aulas de física. O ensino não é mais apenas sobre dados estáticos, é uma exploração contínua, um desejo para fomentar a curiosidade e a investigação. Einstein não só preparou os alunos para se tornarem cientistas, mas os contextuou como exploradores, questionadores de um universo vasto e ainda cheio de segredos. Até conceitos simples, como a gravidade, passaram a ser apresentados de forma a instigar debates e reflexões filosóficas, promovendo um aprendizado ativo e dinâmico.

Com alunos encantados e inspirados, o desejo de seguir caminhos científicos aumentava. Fisicistas, engenheiros e matemáticos emergiam das salas de aula com novas ideias e ambições, muitos dos quais se tornaram os protagonistas de inovações que mudaram o formato do mundo moderno. A educação científica, influenciada por esses pionneiros, promoveu a colaboração, a interdisciplinaridade e o aprendizado ativo — um modelo que é cada vez mais necessário nas modernas instituições de ensino.

A interação dos estudantes com esses conceitos revolucionários importa porque, ao instigá-los a questionar e explorar, estamos gerando uma nova geração de pensadores, não apenas repetidores de conteúdo. A ciência se torna, assim, uma prática viva, onde cada descoberta alimenta a curiosidade e a imaginação. Dessa forma, a repercussão das ideias de Maxwell e Einstein também se torna visível na cultura popular, onde seus conceitos são discutidos em documentários, livros e até mesmo em discussões cotidianas entre amigos.

Passaram-se mais de cem anos desde que essas ideias emergiram e, ainda assim, a influência delas permanece, constantemente alimentando debates e pesquisas. No entanto, isso não deve ser visto como um fim, mas sim um lembrete contínuo do poder que a verdade científica detém. Como revisionistas de sua própria prática educacional, devemos, portanto, fazer um esforço para integrar e aplicar as lições de Maxwell e Einstein no presente, fazendo da educação uma aventura — uma busca incessante pela compreensão que se estende de atitudes em sala até inovações que podem alcançar os limites do universo.

Este legado é, portanto, um convite contínuo: não somente para aprender, mas para sonhar, criar e jamais esquecer que a grandeza do conhecimento é que ele é uma jornada, não um destino. E assim, movemo-nos em direção ao futuro, sob a luz brilhante das descobertas que alimentaram e moldaram nossos sonhos, com a certeza de que a ciência ainda tem muito a nos oferecer.

As tantas revoluções do pensamento científico não emergiram do vazio; ao contrário, elas são o resultado de um processo contínuo de questionamentos, invencionismos e a conjunção de ideias. James Clerk Maxwell e Albert Einstein são dois titãs cujas contribuições para a ciência não só ampliaram as fronteiras do conhecimento, mas também deixaram marcas indeléveis na forma como entendemos e interagimos com o universo.

Maxwell, com suas aclamadas equações, provocou uma graduação no entendimento sobre eletromagnetismo, transformando o caos dos fenômenos elétricos e magnéticos em uma sinfonia ordenada de interações. Imagine-se transportado ao século XIX, onde as ideias se entrelaçam de forma sutil, e a eletricidade, até então uma curiosidade isolada, começa a ser percebida como uma parte vital da realidade. A luz, antes considerada um mistério, tornou-se um emissário de ondas eletromagnéticas — um conceito que não só revolucionou a ciência, mas também lançou as bases para uma pluralidade de inovações tecnológicas, das quais nos beneficiamos diariamente.

Por outro lado, Einstein propôs que o espaço e o tempo não eram entidades sólidas e inflexíveis, mas se curvavam e se moldavam em relação à gravidade e à velocidade dos objetos. Essa revolucionária visão inaugurou a Revolução da Relatividade, cenários onde o familiar se tornava estranho e fascinante. Imagine o deslumbramento dos cientistas da época ao compreender que a gravidade poderia ser interpretada não como uma força, mas como a curvatura do espaço-tempo. Essa percepção alterou radicalmente o nosso entendimento do cosmos, unindo a física à filosofia, em uma busca incessante pela verdade sobre nossa existência.

Ao emergirmos em uma era que constantemente busca inovação e entendimento, não podemos deixar de honrar o legado desses gigantes, entendendo que suas contribuições deram início a diálogos científicos, transformações educacionais e impulsionaram curiosidades que ainda reverberam em todo o globo. A educação, aliás, tornou-se um dos maiores veículos de transmissão desse conhecimento, onde as gerações subsequentes aprendem não apenas os cálculos e as fórmulas, mas também a história, os desafios e a beleza da busca por respostas.

Com isso, é imprescindível ressaltar a importância de integrar os conceitos de Maxwell e Einstein no quadro educacional atual. Ideas não são ferramentas colocadas em estantes empoeiradas; são chaves que abrem portas para um universo ainda a ser descoberto. As grandes mentes do presente, inspiradas por essas revoluções, devem cuidar de cultivá-las na educação de forma dinâmica, permitindo que alunos experimentem e vivenciem a ciência, não apenas como uma matéria sistemática, mas como uma aventura.

    Mas o que o futuro reserva? A fusão de suas ideias não se restringe apenas à resolução de problemas passados; ela nos impele para abordar questões contemporâneas em física e tecnologia. E conforme avançamos, devemos abrir caminho para diálogos sobre novas possibilidades — seja nas aplicações do eletromagnetismo em tecnologia quântica ou nos desafios que surgem das investigações sobre a natureza da gravidade. A busca por respostas será sempre uma parte intrínseca da experiência humana; cada passo em direção à verdade é um triunfo.

    Por fim, ao olharmos para a imensidão do cosmos que nos rodeia, somos convidados a continuar a trajetória iniciada por Maxwell e Einstein. Somos herdeiros da curiosidade, desperta pela insaciável busca de conhecimento, e hoje, mais do que nunca, cabe a nós não apenas manter o espírito da inovação vivo, mas também inspirar outras gerações a sonhar e a ousar. Assim, seguindo o seu exemplo, avançamos determinados no desejo de iluminar o desconhecido, eternizando sua luta em busca de verdades que unem a ciência à essência humana.

Ao longo do caminho das revoluções científicas, o legado deixado por Maxwell e Einstein continua a traçar um roteiro fascinante que nos leva à reflexão sobre o impacto duradouro de suas contribuições. É essencial que, ao final deste capítulo, observemos como a interseção de suas ideias não apenas moldou o campo da física, mas também deixou uma marca indelével em nossa cultura e na educação científica.

Maxwell, ao formular suas equações, não só elucidou os mistérios da eletricidade e magnetismo, mas também envolveu a ciência em um diagrama físico que poderia ser compreendido de maneira acessível. As interações entre a luz e as ondas eletromagnéticas, por exemplo, transcendiam as teorias anteriores e estabeleceram a base para a tecnologia eletromagnética moderna que conhecemos, desde a comunicação à transmissão de energia até a exploração do nosso universo.

Por outro lado, a revolução provocada por Einstein foi transformadora, ao reimaginar o que entendemos por espaço e tempo. Não mais vistos como entidades absolutas, mas relativos e entrelaçados em um campo de possibilidades. O fenômeno da dilatação temporal e a ideia de que o tempo pode fluir de maneira diferente bobei

অ □ প্রচুরебольшой неспокойная · 础ляхора치는lussă utilizando princípios da teoria da relatividade multiplicam as áreas de conhecimento e inspiram novas gerações a observar e, quem sabe, reinventar as engrenagens que giram dentro da disciplina científica.

    Nessa continuidade de ações, vemos que as interações, o debate e o intercâmbio de ideias são fundamentais para a evolução da ciência. O que Maxwell e Einstein nos ensinaram é que cada teoria que se inova deve ser um convite à curiosidade, e não um ponto final. A ciência deve ter o espírito de uma conversa contínua, onde as contribuições do passado inspiram a juventude de hoje a questionar e explorar ainda mais, levando-nos ao futuro.

    Um legado, portanto, que se estende não apenas a fórmulas e teorias, mas que nos convida a um entendimento humano mais espontâneo do universo. A educação moderna, então, não deve apenas transmitir conhecimento, mas também transmitir paixão pela busca de respostas. Se o homem é produto de seu meio, conforme ensinou Hippolyte Taine, e se o ambiente em que crescemos molda nossa visão de mundo, é imprescindível que os educadores cultivem ambientes que promovam apoio à inovação científica e à pesquisa.

As novas gerações de estudantes são constantemente desafiadas a não apenas aprender conceitos, mas a engajarem-se em diálogos críticos sobre suas implicações. Somente assim conseguiremos fazer jus a esse legado, garantindo que as revoluções iniciadas por Maxwell e Einstein não se esgotem, mas se expandam, conforme abrimos a porta para novas descobertas e novas interrogações.

Ao final deste capítulo, que possamos levar conosco a responsabilidade não só de discernir o ocorrido, mas de nos alimentar do alimento da curiosidade. Que as ideias revolucionárias não apenas façam parte da nossa educação, mas se tornem parte de quem somos, guiando nossos passos, nossas ações e sempre nos incentivando a explorar e redefinir o possível. Achamos importante lembrar que a jornada pelo conhecimento é uma infinidade de caminhos ainda a serem desbravados.

Portanto, ao refletirmos sobre o legado de Maxwell e Einstein, que possamos sempre nos perguntar: "Como podemos usar suas contribuições não apenas para entender o universo, mas para criar um ambiente que abraça a curiosidade e a inovação?" A resposta a esta pergunta pode muito bem moldar o futuro da ciência — e, com ela, o futuro da própria humanidade.

Capítulo 9: Eletromagnetismo e Física Moderna

Chamamos você a mergulhar em uma fascinante jornada, onde o eletromagnetismo não é apenas um campo da física, mas o coração pulsante de inovações e descobertas que moldam nosso entendimento do mundo. Vamos explorar como as interações elétricas e magnéticas se entrelaçam profundamente com a mecânica quântica, trazendo à tona fenômenos que desafiam nossas percepções e ampliam nosso conhecimento.

Começamos nossa história na interseção do eletromagnetismo e da mecânica quântica. O eletromagnetismo, que outrora se destacava como um dos pilares da física clássica, encontrou sua nova cara em uma época de revolucionárias descobertas. Nomes como Max Planck e Niels Bohr surgem como faróis dessa transição, ao introduzirem conceitos que não apenas alteraram a matemática da física, mas também mudaram a nossa forma de olhar para a realidade. Suas investigações sobre a natureza da luz e da matéria revelaram um universo onde as antigas regras não se aplicavam.

O efeito fotoelétrico, por exemplo, demonstrou que a luz, além de ser uma onda, também exibia características de partículas, emagrecendo as fronteiras entre as diferentes representações da realidade. Esse foi um salte enorme para a физica, permitindo que o conceito e a quantização da luz começassem a se enredar com as energias eletromagnéticas dos campos que nos cercam. A unidade de análise se transformou de corpos macroscópicos a entidades microscópicas que dançam sob as regras da probabilidade.

À medida que avançamos, emergimos na teoria quântica de campos, um sofisticado sistema que combina o eletromagnetismo com a essência das partículas. Este é um conceito que pode ser intimidante, mas é fundamental: as partículas subatômicas não são apenas esferas soltas vagando no espaço, mas sim resultados de campos eletromagnéticos dominantes, com mediadores, os fótons, dançando entre as interações. Assim, a sinergia entre mônadas de energia acaba por reforçar a ideia de um universo em eterna transformação e movimento. Claramente, o que se pode concluir aqui é que tudo está interligado – um conceito fundamental que pode até ecoar a ideia de forças naturais como forças sociais.

Neste ciclo de interconexões, surgem também as questões de conservação de quantidade, um tema que não pode ser suturado sem se referir às simetrias que permeiam a natureza das partículas. Quando examinamos a física moderna, se faz imprescindível considerar a invariância de certos princípios que orientam comportamentos – tanto no espaço como no tempo. Assim, refletimos sobre a importância inequívoca de Maxwell, com suas equações que não apenas compõem a espinha dorsal do eletromagnetismo, mas influenciam a maneira como vemos todo o cosmos.

Não obstante essas intrincadas relações, suscitamos agora um deslocamento para o presente e futuro, quando falamos em aplicações tecnológicas que derivam dos conceitos que exploramos até aqui. No campo da computação quântica, por exemplo, o eletromagnetismo faz parte integral da construção dessa nova era de processamento de dados, onde qubits interagem sob a influência de campos eletromagnéticos, permitindo cálculos que seriam impossíveis em plataformas clássicas. Da mesma forma, a comunicação quântica – um dos maiores desafios contemporâneos – depende de interações eletromagnéticas para transmitir informações de maneira segura e ineficaz, rompendo, assim, as barreiras que antes mantinham a privacidade em xeque.

Nesse labirinto de possibilidades, não podemos deixar de lado os desafios que surgem. Nossos cientistas e pesquisadores enfrentam a tarefa monumental de unificar as diferentes forças que definem as interações em nosso universo. A gravidade, que historicamente foi vista como a força mais complexa de ser entendida, continua a escapar de uma posição cômoda ao lado do eletromagnetismo e forte interação. Esse impulso por responder a perguntas que nos levam a conhecer nosso lugar no universo à medida que nos tornamos cada vez mais conectados a ele – é o que nos motiva.

Ao flertarmos com o futuro, cada passo nesta jornada se faz como um convite à reflexão. Perguntamo-nos: o que mais poderemos descobrir? Como o eletromagnetismo guiará nossa compreensão dos fenômenos ainda por explorar? Esse capítulo, assim, não é apenas um relato do que foi feito, mas uma provocação para continuar a busca, para acolher a interrogação e transformar a curiosidade em conhecimento.

O legado deixado por Maxwell e Einstein deve ecoar notavelmente em nossas vidas. Ele molda a educação das novas gerações, instigando nossa juventude a questionar, investigar e experimentar. E assim, seguimos adiante, mantendo acesa a chama da curiosidade científica e nos preparando para desbravar novas fronteiras no vasto cosmos onde o eletromagnetismo e a natureza se entrelaçam em harmonia.

Teoria quântica de campos representa um marco fundamental na compreensão da interação entre partículas subatômicas. Este conceito intricadamente entrelaça o eletromagnetismo com a mecânica quântica, permitindo que reconheçamos as interações eletromagnéticas como o resultado de campos quânticos dinâmicos. Ao adentrarmos neste fascinante domínio, tornamo-nos conscientes de como partículas, que antes percebíamos como entidades isoladas, são, na verdade, manifestações de campos que ocupam e influenciam o espaço.

Imagine a energia vibrante de um campo que permeia cada centímetro do universo e que, em intricados arranjos, conecta o micro ao macro. As partículas são apenas excitações desses campos; elas surgem, interagem e se dissipam em um ciclo contínuo de criação e destruição. Nesse sentido, os fótons, que são os mensageiros da força eletromagnética, não são meras partículas; eles são as ondas que dançam na superfície desse mar quântico. Cada fóton transporta informações, energia e a capacidade de transformar a maneira como percebemos tudo ao nosso redor.

Simetrias desempenham um papel crucial nessa narrativa. Um dos pilares da física moderna, a simetria nos diz que certas propriedades permanecem invariantes sob transformações. Quando exploramos interações nas escalas quânticas, notamos que a preservação de determinadas quantidades, como carga elétrica e quantidade de movimento, está intrinsecamente ligada a essas simetrias. A conservação não é apenas uma questão matemática; ela é uma atualização da forma como vivenciamos as interações eletromagnéticas, tornando-se um guia em nossos esforços para entender o comportamento da matéria e da energia.

Ao discutir a matemática por trás da teoria quântica de campos, deparamo-nos com uma beleza intrincada. Frequentemente, essa matemática, embora desafiadora, proporciona uma representação elegante das interações físicas. Por exemplo, as equações que descrevem o comportamento de partículas em campos eletromagnéticos nos revelam padrões que vão além das simples contagens; cada equação é uma peça do quebra-cabeça que nos possibilita visualizar o universo em uma nova dimensão.

Enquanto isso, na prática, a quantização dos campos redefine nossa abordagem em muitas áreas da pesquisa científica. Estamos presenciando uma revolução na maneira como formulamos problemas e buscamos soluções. A computação quântica, por exemplo, está emergindo como uma força transformadora, onde o processamento de dados é realizado em um espaço calculado através da manipulação de estados quânticos influenciados pelo eletromagnetismo. Dessa forma, os campos não representam apenas um aspecto teórico; eles se tornaram a pedra angular de tecnologias que moldam nosso cotidiano.

Lembremos que, ao nos aprofundarmos no legado deixado por Maxwell e Einstein, a teoria quântica de campos é um testemunho do poder das ideias. À medida que continuamos a descentralizar a visão tradicional da física, somos incitados a imaginações que vão além das barreiras da ciência atual. Em última análise, a busca por compreender a conexão entre o eletromagnetismo e a mecânica quântica é mais do que um exercício acadêmico; é um convite à nossa essência como exploradores do desconhecido.

 Assim, ao olharmos para o futuro da física, devemos nos engajar ativamente nesta discussão sobre o papel do eletromagnetismo nas teorias quânticas e a interatividade das forças que moldam nosso universo. Cada interação é uma oportunidade para redesenhar nossos entendimentos, para desafiar nossas suposições e para nos impulsionar rumo a um conhecimento ainda mais profundo sobre a realidade. O conhecimento é um caminho sem fim, repleto de possibilidades; é preciso que nos permitamos ser guiados por essa curiosidade incessante, sempre em busca da verdade por trás do que nos cerca.

 A tecnologia quântica está na vanguarda de um novo paradigma que redefine o que sabemos sobre o eletromagnetismo. No âmago desse desenvolvimento surge a computação quântica, que tem como base a manipulação de partículas subatômicas influenciadas por campos eletromagnéticos. Nesse mundo, os qubits, os equivalentes quânticos dos bits, são superposições capazes de representar múltiplos estados. Mas como o eletromagnetismo se cruza com essa nova era tecnológica? Vamos desvendar essa interrelação.

Quando se fala em computação quântica, é impossível não destacar os avanços que ela promete. Nesse contexto, o eletromagnetismo atua tanto como uma força mediadora quanto como uma chave mestra para o potencial quântico. Os circuitos quânticos, que representam os primeiros passos na criação de computadores quânticos, dependem da manipulação precisa de estados quânticos utilizando campos eletromagnéticos. O resultado? Processos de computação que desafiam a velocidade e a capacidade de sistemas clássicos. Imagine resolver problemas complexos em segundos – essa é a ambição que a computação quântica promete, proporcionando evoluções nas mais variadas áreas, desde a criptografia até a inteligência artificial.

Ao falarmos sobre comunicação quântica, outros desafios e inovações emergem. As tecnologias de comunicação presentes nas interações humanas estão se revolucionando à medida que se implementam sistemas quânticos. O uso de campos eletromagnéticos para comunicação quântica não é apenas inovador; ele possibilita uma transmissão de dados que, por sua estrutura inerente de entrelaçamento, oferece níveis de segurança sem precedentes. A informação quântica, que se apresenta em estados de superposição, garante que qualquer tentativa de "espionagem" no processo altere a própria essência da informação, alertando assim o remetente e o destinatário sobre a intrusão.

Contudo, a verdadeira beleza reside nas infinitas possibilidades que surgem com a integração do eletromagnetismo e da mecânica quântica. Pesquisas modernas estão examinando questões que antes pareciam pertencer a uma ficção científica, como a construção de redes de comunicação baseadas em princípios quânticos que poderiam conectar dispositivos de maneira tão segura que dificultariam qualquer tentativa de violação. A energia renovável também se beneficiaria dessa intersecção, através de dispositivos que utilizam efeitos quânticos para aumentar a eficiência das células solares.

Ao montarmos o quebra-cabeça que se forma diante de nós, percebemos que a ciência não visa apenas entender o mundo como ele é, mas também imaginar o que ele poderia se tornar. O legado deixado pelos cientistas do passado se estende por essas inovações, onde a herança de Maxwell, junto com a precariedade de Einstein sobre espaço e tempo, alinham-se como fundamentos que empoderam as gerações atuais a questionar, explorar e abrir novas avenidas do conhecimento.

Essas inovações nos encarregam não apenas de uma responsabilidade, mas também de uma inspiração. A curiosidade continua a ser nosso guia, e à medida que avançamos por esses campos, somos desafiados a nos permitir pensar além do que é conhecido, abraçando a interconexão entre o eletromagnetismo e a física moderna. Cada nova descoberta é um convite a explorar o inexplorado, e o futuro da tecnologia quântica nos aguarda, vibrante e fascinante.

A interligação do eletromagnetismo com as questões contemporâneas abre um leque de oportunidades e desafios que se tornam cruciais para o avanço da ciência. À medida que a pesquisa em física avança, as investigações em torno da gravidade e de outras forças fundamentais são uma das áreas que mais necessitam de atenção. O entendimento das interações eletromagnéticas, aliadas a teorias que buscam unificar as forças da natureza, apresenta um terreno fértil para cientistas de várias disciplinas.

Pensemos, por exemplo, na busca incessante por uma teoria de tudo que possa integrar o eletromagnetismo com a gravidade e as forças nucleares. Esse empreendimento não se limita apenas ao domínio da física teórica, mas também reflete sobre a nossa percepção da realidade. As implicações de tais descobertas têm o potencial de transformar não apenas nossa compreensão do cosmos, mas também de impactar profundamente a tecnologia e a sociedade como um todo.

Contudo, o caminho não é desprovido de obstáculos. O que nos leva a refletir sobre a complexidade e as incertezas que cercam a física contemporânea. O modelo padrão, que descreve as partículas fundamentais e suas interações, enquanto contempla a influência do eletromagnetismo, enfrenta tensões crescentes à medida que surgem novas perguntas. A existência de partículas não descobertas e as discrepâncias em previsões experimentais demandam a necessidade urgente de novos paradigmas.

As novas buscas por tecnologias que aproveitam as propriedades quânticas e eletromagnéticas, tais como a computação quântica, trazem à tona questões éticas e práticas. À medida que esses avanços se materializam, surge um papel imprescindível para formuladores de políticas e educadores. Como a sociedade deve se preparar para as mudanças que essas tecnologias trazer? Estaria a educação em ciência adaptando-se com a devida agilidade para preparar futuras gerações?

Neste contexto, é imprescindível que mantenhamos uma mentalidade aberta e colaborativa. As interações entre diferentes disciplinas, como física, biologia, ciência da computação e até mesmo humanidades, podem oferecer novas perspectivas e abordar problemas complexos de maneira mais eficaz. Toda essa riqueza de diálogo deve ser incentivada dentro do universo acadêmico, não só nas universidades, mas também em iniciativas que promovam a ciência cidadã, onde o cidadão comum é convidado a participar e contribuir para a pesquisa.

À medida que caminhamos adiante, não devemos perder de vista a curiosidade natural que nos move. Somos, essencialmente, exploradores em busca de verdades que ressoam com nossas experiências. Cada novo conceito que emerge apenas realça a importância de olharmos não só para a física como uma lista de fórmulas e leis, mas como uma narrativa intrincada que compõe as histórias de nossa existência.

Convidamos os leitores a se manterem informados e engajados; a ciência não termina nas páginas de um livro. É uma jornada interminável que inicia com perguntas e, por vezes, são as respostas que deverão ser mais questionadas. Ao refletir sobre o papel da quântica na tecnologia do futuro, o verdadeiro convite é para que todos participem dessa conversa. Como o eletromagnetismo pode guiar nossas descobertas amanhã? Qual é a nossa responsabilidade em formar uma comunidade colaborativa que busca não só a verdade científica, mas também o bem comum?

Nesse papel, cada um de nós é um protagonista; portanto, a decisão de continuar questionando, aprendendo e promovendo novas descobertas deve ecoar em cada mente curiosa. Que possamos ser coniventes em criar um ambiente onde as perguntas são tão valiosas quanto as respostas, e onde o conhecimento se torna um farol para um futuro melhor e mais iluminado para todos nós.

Capítulo 10: Desafios e Desenvolvimentos Futuros

À medida que adentramos o fascinante universo do eletromagnetismo, somos compelidos a reconhecer a complexidade que caracteriza este campo. Os cientistas contemporâneos enfrentam desafios inegáveis, que giram em torno da interpretação e aplicação dos princípios eletromagnéticos em contextos emergentes. Questões como as interações entre campos eletromagnéticos e partículas quânticas continuam a instigar o debate científico e a percepção pública acerca do que realmente significa a finalidade do eletromagnetismo em tempos modernos. Afinal, não é apenas uma jornada de descoberta, mas também um chamado à ação.

Os obstáculos que os pesquisadores encontram são variados, desde a compreensão dos fenômenos peculiarmente complexos da mecânica quântica até a necessidade impelente de unificar as forças fundamentais da natureza. Tornar-se capaz de superá-los é um aspecto crucial da ciência contemporânea. Convidamos o leitor a se pensar como parte dessa luta incessante pela compreensão, e, nesse contexto, surge a pergunta: Quais soluções inovadoras podemos desvelar para garantir que as inovações científicas se tornem acessíveis e aplicáveis à vida cotidiana?

Nesse cenário intrigante, os desenvolvimentos na comunicação quântica emergem como exemplos brilhantes do potencial promissor que a interação entre eletromagnetismo e mecânica quântica possui. Os princípios de entrelaçamento e superposição ganham vida em sistemas que utilizam o eletromagnetismo para garantir a segurança das transmissões de dados. Essa conectividade inusitada entre o mundo subatômico e as redes de comunicação reflete não apenas a engenharia inovadora, mas também a capacidade de antever um futuro onde a privacidade e a proteção da informação são pilares fundamentais.

Quando pensamos nas aplicações do eletromagnetismo para energias sustentáveis, nossos horizontes se ampliam ainda mais. As recentes pesquisas que exploram o uso de campos eletromagnéticos em dispositivos de energia renovável apresentam ferramentas que visam otimizar a eficiência de painéis solares e turbinas eólicas. A força motriz por trás das inovações é a flexibilidade do pensamento científico, abrindo caminho para que as soluções sejam encontradas em lugares onde antes se pensava não haver.

Ao longo do percurso, somos acompanhados pela necessidade de questionar:

Como estimular a pesquisa em áreas emergentes que integram o eletromagnetismo a campos como a biotecnologia e a nanociência? As respostas a essa última indagação não só pavimentam a estrada para inovações futuras, como também reforçam o papel da ciência na formação da sociedade. Quando a ambição humana se une à curiosidade, torna-se poderoso um impulso que nos leva a vislumbrar além.

Assim, encerramos este capítulo com um convite à reflexão: O futuro da física e do eletromagnetismo está cheio de possibilidades inexploradas. Tornamo-nos exploradores em busca de respostas ainda não formuladas. À medida que o mundo avança, é imperativo que a ciência e a tecnologia progridam de mãos dadas com a responsabilidade ética e social. Cada um de nós merece participar dessa jornada, questionando, inovando e, em última análise, contribuindo para um futuro iluminado pela luz do conhecimento.

Fazendo uma pausa para permitir que o leitor respire e absorva o que está sendo discutido. O mundo em que vivemos é uma interseção de desafios e inovações que nos chama à ação. As dificuldades que os cientistas da atualidade enfrentam em relação à compreensão e aplicação do eletromagnetismo são uma constante, não por acaso, mas porque esse campo é profundo e repleto de interconexões.

À medida que avançamos neste capítulo, é imperativo que nos detenhamos na revolução da comunicação quântica. Essa não é apenas uma novidade tecnológica; trata-se de um divisor de águas que altera nossa percepção do mundo digital. A utilização de princípios quânticos, como o entrelaçamento e a superposição, capacita sistemas de transmissão de dados a alcançar um novo patamar de segurança. Imagine um mundo onde a privacidade digital é assegurada, onde a comunicação é inviolável, precisamente por conta das intrincadas propriedades dessas interações eletromagnéticas.

Claro, ao falarmos sobre as potencialidades do eletromagnetismo, não podemos deixar de mencionar a busca por fontes de energia sustentáveis. As questões climáticas urgem por atenção e resposta. Neste contexto, o eletromagnetismo emerge como um aliado promissor na pesquisa sobre energias renováveis. As inovações em eficiência energética são mais necessárias do que nunca, tornando viável a otimização de painéis solares e turbinas eólicas. À medida que as técnicas evoluem, a influência do eletromagnetismo se torna evidente, mostrando que as soluções para um futuro mais verde estão, de fato, enraizadas neste campo de estudo.

Por outro lado, a reflexão sobre o futuro da física não se limita apenas a energias sustentáveis e comunicação quântica; ela se estende às áreas emergentes que se entrelaçam com o vasto campo da biotecnologia e da nanociência. A aplicação dos princípios eletromagnéticos nesses domínios promete não apenas transformações tecnológicas, mas uma nova maneira de ver e relacionar-se com a vida.

Fundamentalmente, o que nos guia nessa exploração é a implacável curiosidade humana. Essa busca por respostas ainda desconhecidas molda nosso entendimento e nos impulsiona para novos horizontes. Queremos não apenas questionar o que sabemos, mas também aquilo que ainda está por vir, desafiando pressupostos e ampliando nossas visões.

A inevitável união entre tecnologia e responsabilidade ética se destaca em todos esses novos desenvolvimentos. Como sociedade, somos convocados a perceber que as inovações científicas não podem avançar isoladamente de preocupações humanas mais amplas. Ao engrenar as engrenagens do progresso, devemos garantir que cada passo adiante respeite nosso compromisso com o bem-estar coletivo.

Concluímos este segmento envoltos nas promessas que o futuro do eletromagnetismo nos reserva. Ele não é apenas uma área da ciência; é uma lente pela qual podemos enxergar um caminho verdadeiramente inovador ao abordar a vida e as interações dentro e fora de nosso ambiente. Portanto, ao olharmos para frente, a indagação se mantém relevante: O que mais poderemos descobrir? O que nos aguarda no horizonte recém-definido pelo casamento entre o eletromagnetismo e as respectivas áreas facilitadoras do conhecimento? A jornada apenas começa, e o convite para explorá-la é feito com a certeza de que cada um de nós tem o potencial de ser um agente de mudança.

A busca por soluções energéticas sustentáveis tornou-se uma bandeira importante em nossa era de desafios climáticos e ambientais. No centro dessa investigação está o eletromagnetismo, um campo que se mostra promissor na transformação da maneira como lidamos com nossas fontes de energia. A eletricidade gerada por fontes renováveis, como sol e vento, é apenas a ponta do iceberg em um paraíso de possibilidades que se desdobra à medida que examinamos as interações eletromagnéticas.

A interação entre campos eletromagnéticos e células solares, por exemplo, é um tema que não devemos subestimar. Pesquisas atuais buscam não apenas a eficiência, mas também a viabilidade de sistemas que podem ser integrados nas estruturas urbanas e rurais. Imagine edificações que se tornam autossuficientes em termos de energia, utilizando o potencial do sol filtrado por células que convertem radiação em eletricidade. É um futuro que já está começando a ser desenhado, onde o eletromagnetismo não é apenas um conceito isolado, mas sim um agente de mudança em larga escala.

No âmbito da energia eólica, a utilização de geradores que operam com princípios eletromagnéticos ilustra como essa ciência é vital para a a obtenção de energia limpa. A interação dos campos eletromagnéticos permite que os aerogeradores transformem movimento em eletricidade, funcionando como verdadeiros poços de oportunidades. Agora, pense na possibilidade de integrar essa tecnologia com inteligência artificial para otimizar o desempenho em tempo real, criando redes de distribuição que aprendem e se ajustam às necessidades dos consumidores.

Cada passo nessa direção faz parte de um movimento mais amplo que reconhece que a ciência deve se moldar para atender a urgências sociais e ambientais. Os investimentos em pesquisa e desenvolvimento de tecnologias sustentáveis são não apenas um chamado à inovação, mas também uma responsabilidade coletiva diante de um futuro incerto. Aqui, o diálogo entre ciência e sociedade se torna essencial; precisamos garantir que a tecnologia que desenvolvemos esteja alinhada com as necessidades da população e com os desafios que o planeta enfrenta.

Neste contexto, um destaque especial deve ser dado ao papel da educação. A formação de novas gerações de cientistas, engenheiros e inovadores deve integrar não apenas o entendimento do eletromagnetismo, mas também princípios éticos que guiarão suas aplicações. Mais do que nunca, é necessário que educadores inspirem jovens a pensar criticamente e a considerar as implicações de suas escolhas tecnológicas. É por meio de uma educação que valoriza o pensamento criativo e a colaboração que podemos moldar um futuro onde a física não seja apenas uma disciplina, mas uma força ativa na solução de problemas globais.

Por fim, ao refletirmos sobre o papel do eletromagnetismo nas energias sustentáveis, somos instigados por uma esperança renovada. O futuro nos apresenta uma coleção rica de novas perguntas; perguntas que ainda não têm resposta, mas que são essenciais para a nossa sobrevivência e avanço. Como podemos usar as leis do eletromagnetismo para revolucionar nossas redes elétricas? Quais são as tecnologias emergentes que podem transformar a maneira como geramos e consumimos energia?

À medida que avançamos para o fechamento deste capítulo, é vital que a discussão continue a se expandir. Assim, não apenas elucidamos o impacto do eletromagnetismo em nossas vidas, mas também solicitamos ao leitor que se torne um partícipe ativo na construção desse futuro. Em última análise, a busca por soluções energéticas sustentáveis revela-se como um microcosmo das grandes questões que enfrentamos; e é somente por meio do diálogo contínuo e da colaboração interdisciplinar que conseguiremos construir um mundo onde a ciência está a serviço da humanidade.

Nos próximos parágrafos, nos debruçaremos sobre os futuros horizontes da pesquisa científica, um tema quente que reverbera pelas paredes acadêmicas e pelos laboratórios ao redor do globo. Ao considerarmos o eletromagnetismo como uma força fundamental, é impossível não reconhecer as potências que se desvelam quando esse conceito é aplicado em áreas inovadoras como a nanociência e a biotecnologia.

Ao explorarmos a nanociência, somos levados a um mundo onde as interações eletromagnéticas operam em escalas invisíveis a olho nu. Imagine a possibilidade de manipular átomos e moléculas, moldando materiais a níveis nunca antes imaginados. As aplicações que surgem desse campo vão desde tratamentos médicos até a criação de novos materiais que prometem revolucionar a indústria. Entre as áreas mais intrigantes, destacam-se as nanoestruturas que podem ser projetadas para emitir ou absorver radiação eletromagnética de maneira específica, criando soluções inovadoras em eletrônica, fotônica e sensores.

Neste espaço de inovação, a biotecnologia, por sua vez, começa a despertar interações fascinantes. A pesquisa se desenvolve em como os campos eletromagnéticos podem ser usados para manipular células e tecidos. Os biomédicos estão começando a entender que a utilização de campos eletromagnéticos para direcionar a entrega de medicamentos em células-alvo poderia não apenas aumentar a eficiência dos tratamentos, mas também minimizar efeitos colaterais indesejáveis. Assim, o eletromagnetismo se transforma em uma ferramenta, combinando ciência e saúde de uma forma inovadora.

Contudo, é essencial que esta exploração não seja feita à margem da ética e da responsabilidade social. A comunidade científica deve sempre refletir sobre as implicações de suas descobertas. Assim como a tecnologia avança, é fundamental que também avancemos em nossas considerações sobre o que cada nova inovação significa para a sociedade. O que será da privacidade individual em um mundo de comunicação quântica? Como nos protegeremos quando os limites da biotecnologia permitirem modificações no genoma humano? Cada nova porta que se abre deve vir acompanhada de discussões robustas sobre ética, impactos sociais e diretrizes que possam guiar o uso responsável da tecnologia.

Na última década, a velocidade das descobertas vem crescendo exponencialmente. Cada novo experimento, cada nova aplicação, traz consigo um leque de novas questões. E assim, a ciência avança; mas, acompanhando o avanço, deve vir um compromisso com a sociedade, uma busca incessante por sabedoria que guie nossas ações para frente. considerando a interligação entre as diversas disciplinas científicas, torna-se claro que a colaboração entre áreas do conhecimento é cada vez mais necessária.

  Propondo que a pesquisa seja um esforço conjunto, devemos ser os arquitetos de um futuro onde as divisões entre áreas do saber se dissipam, dando lugar a um ambiente acadêmico colaborativo, onde a física, a biologia, a química e a engenharia trabalham em sinergia. Esta sinergia é a chave para liberar todo o potencial do conhecimento humano. Estamos à beira de uma nova era, e apropriarmo-nos disso requer coragem e criatividade.

  É nesse cenário de contínua evolução e interconexão que nos tornamos protagonistas. Cada um de nós tem a oportunidade de contribuir com sua própria curiosidade, explorando novas perguntas e caminhos. A tarefa de descobrir o que o futuro reserva para a física, e especialmente para o eletromagnetismo, é de responsabilidade conjunta. Ao unirmos esforços e compartilharmos conhecimentos, poderemos desbravar territórios inexplorados e promover um avanço significativo em todos os setores da sociedade.

Quando olhamos para frente, o que vemos? Um futuro repleto de promessas e desafios, onde a busca pelo conhecimento é um convite aberto a cada curioso, a cada leitor que se debruça sobre estas palavras. Que possamos, juntos, seguir explorando as complexidades do eletromagnetismo e suas incríveis interações, abrindo não apenas novos horizontes de compreensão, mas também criando um universo de possibilidades para a humanidade. Ao final, a jornada do conhecimento é uma aventura que vale a pena, recheada de descobertas e significados que nos acompanham, dia após dia.

Capítulo 11: Conclusões dos Estudos e da Pesquisa

Ao olharmos para o vasto horizonte do conhecimento, somos tomados por uma sensação de reverência diante da complexidade e interconexão dos diversos conceitos que exploramos nos capítulos anteriores. O eletromagnetismo se revela não apenas um campo científico, mas um pilar fundamental que sustenta grande parte da nossa compreensão do universo. Desde as forças invisíveis que movem os elétrons até os fenômenos visíveis que nos permitem experimentar e interagir com o mundo ao nosso redor, este conceito nos ensinou muito sobre a natureza adaptativa e dinâmica da realidade.

Neste momento, é de suma importância recapitular os fundamentos que abordamos. As leis de Coulomb, Faraday e Maxwell formam a espinha dorsal do eletromagnetismo, delineando o comportamento das cargas elétricas e as interações que se desdobram entre elas. A beleza dessas interações se manifesta em tecnologia contemporânea, onde os dispositivos que usamos diariamente, das mais simples lâmpadas às complexas máquinas de ressonância magnética, dependem das leis do eletromagnetismo. Este entendimento deve, portanto, ser visto como um elemento-chave em todas as disciplinas científicas, como química, biologia e até mesmo engenharia.

Ademais, a atmosfera eletromagnética permeia nossas vidas de maneiras que muitas vezes não percebemos. Por exemplo, a comunicação que fazemos através de redes sem fio, diretamente dependente do comportamento dos campos eletromagnéticos, transformou não apenas a forma como nos conectamos, mas também o modo como trabalhamos, aprendemos e vivemos. A interrelação entre a ciência básica do eletromagnetismo e suas aplicações práticas apresenta um exemplo claro de como conhecimentos fundamentais podem moldar o mundo à nossa volta.

O que se revela poderoso nesta narrativa é a interconexão entre diferentes áreas do conhecimento. O eletromagnetismo se funde com a biologia ao proporcionar ferramentas para entender como os organismos interagem com campos eletromagnéticos em escalas invisíveis. Em laboratórios de biotecnologia, por exemplo, os cientistas usam esses princípios para desenvolver novas terapias e tratamentos médicos, unindo a química e a física para criar soluções inovadoras para desafios humanos.

À medida que aprofundamos nossa pesquisa nesta interconexão, nos deparamos com a importância de cada um de nós como agentes da mudança. A responsabilidade social e ética que acompanha a pesquisa científica deve ser contemplada, lembrando que cada descoberta não impacta somente os laboratórios, mas a sociedade em sua totalidade. Ao refletirmos sobre as descobertas que realizamos coletivamente, é imprescindível que busquemos um propósito maior detrás do conhecimento — um propósito que inspire ações e crie um impacto positivo para todos.

Com ênfase nas direções futuras da pesquisa nesta área e em suas múltiplas complicações funcionais, devemos sustentar um compromisso ético que guiará o uso do eletromagnetismo e suas aplicações. Enquanto os cientistas buscam desbravar territórios desconhecidos, não podemos esquecer a necessidade de educar, inspirar e capacitar as novas gerações que seguirão adiante nesta busca incessante por conhecimento. Cada um de nós, podendo se tornar um aluno ou professor, desempenha um papel vital na evolução contínua da ciência.

Assim, encerramos este capítulo e o livro, de forma a deixar o leitor desafiado e motivado a continuar sua jornada de aprendizado e descoberta. O que foi discutido aqui não é um fim, mas um convite para manter a curiosidade viva, explorar as infinitas possibilidades que o conhecimento oferece, e, o mais importante, usar o que aprendemos para construir um futuro mais sustentável e ético para todos.

O eletromagnetismo se apresenta, portanto, como uma ponte que nos conecta ao futuro — um futuro que ainda deve ser desenhado por aqueles que estão dispostos a perguntar, a investigar e a inovar. Que seja esta uma jornada de exploração que nunca tenha fim, onde cada nova descoberta ilumina o caminho para a próxima.

Interconexões entre as Disciplinas Científicas

Ao explorarmos a vastidão do conhecimento científico, é impossível ignorar o papel central que o eletromagnetismo desempenha na interconexão entre diferentes disciplinas. Vamos nos aprofundar na forma como esse campo abrange e influencia áreas como a biologia, a química e a engenharia, fortalecendo um entendimento multidisciplinar crucial para o progresso científico.

O impacto do eletromagnetismo na biotecnologia é um dos aspectos mais fascinantes dessa interconexão. Profissionais da saúde estão cada vez mais utilizando campos eletromagnéticos para desenvolver terapias inovadoras. Um exemplo disso é a entrega direcionada de medicamentos às células-alvo, onde campos eletromagnéticos podem ser utilizados para guiar fármacos exatamente onde são necessários no organismo, maximizando a eficácia do tratamento e reduzindo efeitos colaterais indesejáveis.

Além disso, a dinâmica celular também pode ser estudada através dos princípios eletromagnéticos. A forma como as células respondem a diferentes frequências de radiação eletromagnética nos dá pistas sobre processos biológicos fundamentais, como a divisão celular e a comunicação entre células. Essas descobertas têm potencial para revolucionar áreas como a medicina regenerativa e a engenharia de tecidos, mostrando que a interseção entre eletromagnetismo e biologia não é apenas relevante, mas essencial para a inovação.

Na química, o eletromagnetismo também desempenha um papel crucial. As interações químicas, por exemplo, são profundamente afetadas pelos campos eletromagnéticos. A espectroscopia, que analisa a interação da radiação eletromagnética com a matéria, permite que os químicos identifiquem e analisem compostos moleculares de maneiras que seriam inviáveis sem essa tecnologia. Esse conhecimento não só aprimora nossas habilidades laboratoriais, mas também contribui para o desenvolvimento de novas substâncias e materiais.

Mudando o foco para a engenharia, a arquitetura de circuitos elétricos e dispositivos eletrônicos se baseia solidamente nas regras do eletromagnetismo. Todos os avanços na criação de componentes eletrônicos, desde transistor até sistemas complexos de computação quântica, devem sua eficácia à compreensão do comportamento eletromagnético. À medida que buscamos construir infraestruturas e tecnologias mais eficientes e sustentáveis, a integração do eletromagnetismo com a engenharia é mais relevante do que nunca.

Falando em integração, a relação entre a física quântica e o eletromagnetismo é outra área que merece destaque. O entendimento de como as partículas subatômicas interagem com campos eletromagnéticos não só ressalta as sutilezas da mecânica quântica, mas também fomenta novas possibilidades em comunicação quântica e computação, configurando um novo paradigma que pode, de maneira significativa, transformar as tecnologias da informação.

Concluindo esta seção, é claro que o eletromagnetismo não é uma disciplina isolada; ele é uma porta de entrada que abre uma infinidade de possibilidades em diversas áreas do conhecimento. Esse entrelaçamento de disciplinas reafirma a importância de um conhecimento interdisciplinar. À medida que continuamos a explorar e descobrir, somos lembrados de que a verdadeira inovação surge quando as fronteiras do conhecimento são desafiadas, e o eletromagnetismo, como um fio condutor, nos guia em direção a um futuro empolgante.

Refletir sobre o papel do cientista na sociedade atual é uma tarefa que se apresenta mais urgente do que nunca. Neste contexto de avanços tecnológicos incessantes e inovações científicas, cabe ao pesquisador não apenas desbravar os mistérios da natureza, mas também assumir uma posição responsável em relação às implicações sociais e éticas de suas descobertas.

Ao considerarmos o impacto do eletromagnetismo, por exemplo, nos deparamos com uma rede vasta de possibilidades que vão desde a geração de energia até comunicações seguras. Contudo, aqueles que trabalham com estes conhecimentos precisam estar cientes do peso que suas pesquisas carregam. Não é suficiente apenas entender os fenômenos; é crucial ponderar sobre como essas tecnologias serão utilizadas e como elas afetam a vida das pessoas.

Os cientistas têm a responsabilidade moral de engajar-se em discussões que envolvem a ética de sua prática. Isso inclui questões relacionadas à privacidade, segurança e os potenciais efeitos adversos que suas invenções podem trazer. Unir-se a outros especialistas da área, dialogar com a sociedade e se posicionar em torno de temas éticos são atitudes indispensáveis.

Inspirados por vozes influentes do passado, como Albert Einstein, que defendia que a ciência não é só um campo de realização técnica, mas também um terreno essencial para promover bem-estar, somos chamados a buscar a integração entre conhecimento e responsabilidade. Cada descoberta deve ser tratada com a sabedoria de que ela poderá alterar vidas — para o bem ou para o mal.

Esse chamado à ação se estende ainda a cada um de nós. O papel do cientista não pode ser visto de forma isolada; todos têm uma participação vital na transformação das ideias em realidades. A educação emerge como uma ferramenta poderosa nesse cenário. Incentivar uma cultura de questionamento entre as novas gerações, promovendo o pensamento crítico, amplia as vozes que contam em prol de um futuro ético e consciente.

Por meio de citações inspiradoras, como a de Richard Feynman, que dizia: "O papel da ciência é descobrirmos o que devemos fazer e o que devemos evitar.", somos lembrados de que a verdade científica deve sempre ser acompanhada pela vontade de usá-la para o benefício humano. Não se trata apenas de descobrir novas leis da física, mas de garantir que esses conhecimentos sejam utilizados para criar um universo mais justo e harmonioso.

Assim, ao final deste capítulo, deixamos o leitor com uma reflexão poderosa: Como você, como indivíduo, pode contribuir para que a ciência e a tecnologia sirvam à humanidade de forma ética e responsável? A resposta pode estar nas ações cotidianas, nas pequenas escolhas que, somadas, geram um impacto significativo. A jornada do conhecimento é coletiva, e cada um de nós tem um papel a desempenhar na construção de um futuro onde a ciência e a ética andem lado a lado, guiando o mundo para um amanhã melhor.

Enquanto nos dirigimos ao encerramento deste esplêndido trabalho, é crucial refletirmos sobre as promissoras perspectivas futuras que permeiam o eletromagnetismo. O horizonte da pesquisa científica está repleto de mistérios ainda a serem desvendados e novos desafios que exigem mágica da criatividade e da curiosidade. Nas próximas páginas, veremos como o conhecimento adquirido pode servir como base para novas descobertas e aplicações transformadoras.

A comunicação quântica, por exemplo, avança a passos largos. As inovações nesse campo prometem revolucionar a forma como transmitimos e recebemos informações. Imagine um mundo onde a segurança das comunicações esteja garantida por princípios que estão na fronteira da física. A preocupação com fraudes e interceptações deverá ser substituída pela certeza de que a informação é intransmissível, intacta, uma questão de princípios na física quântica. Este é um mundo que está logo ali, ao nosso alcance, mas que precisa de pesquisadores visionários para torná-lo realidade.

Outro campo pulsante é o das energias sustentáveis. O eletromagnetismo pode abrir novos caminhos na busca por fontes de energia alternativas. A eficiência em painéis solares e turbinas eólicas já está se expandindo, mas a combinação do conhecimento eletromagnético com a engenharia inovadora pode levar a formas de energia que hoje nos parecem fantasiosas. Podemos sonhar com estruturas que, em vez de simplesmente capturarem energia, a transformam e a redistribuem em um ambiente urbano, convertendo edifícios em fontes de energia limpa e renovável.

Ao olharmos mais adiante, uma interseção intrigante surge entre o eletromagnetismo e as ciências da computação. A computação quântica, que distorce as noções tradicionais de processamento de dados, está se consolidando à medida que compreendemos melhor o papel dos elétrons e de suas interações. Esta nova era demanda uma mente sempre aberta, capaz de interligar os pontos que podem parecer não relacionados à primeira vista. A expectativa é de que as descobertas continuem a surgir, conectando a física com inovações tecnológicas inesperadas.

Contudo, num futuro cheio de promessas, também existem desafios. É essencial que os cientistas de amanhã se empenhem em não apenas explorar os limites do conhecimento, mas também em fazê-lo de forma ética. O impacto das inovações científicas terá ressonâncias que reverberarão na sociedade por gerações. A responsabilidade sobre como essa ciência é usada não pode ser negligenciada. Cada pequeno passo dado na pesquisa deve ecoar a preocupação com o bem-estar coletivo, garantindo que o progresso não avance a qualquer custo.

Ao concluirmos, é importante lembrar ao leitor que a busca pelo conhecimento é uma jornada contínua. A curiosidade possui um papel crucial, não apenas na ciência, mas na vida em geral. Cada um de nós é um explorador à procura de respostas e soluções. Que continuemos a levantar questões e a buscar o novo, confiantes de que o futuro é construído pelos avanços que fazemos hoje. Assim, abrimos as portas do conhecimento, cercados por um mundo de possibilidades ainda inexploradas e por descobertas que podem mudar o rumo da humanidade.

Portanto, o que nos espera na próxima página da história do eletromagnetismo? A única certeza é que a jornada continua, e cabe a cada um de nós contribuir para um futuro iluminado, onde o conhecimento e a ética coexistem em harmonia. Que possamos sempre explorar, perguntar e, principalmente, sonhar.

Capítulo 12: Encerramento

Recapitulação dos Conceitos Fundamentais

À medida que nos aproximamos do desfecho desta obra, é vital revisitarmos os fundamentos que exploramos ao longo dos capítulos anteriores. O eletromagnetismo, com sua rica tapeçaria de conceitos e teorias, é mais do que uma subárea da física; ele é a essência que interliga diversas disciplinas, abrindo portas para um entendimento mais profundo do nosso mundo.

Iniciamos nossa jornada com uma introdução ao eletromagnetismo, refletindo sobre as descobertas pioneiras de autores como Coulomb e Faraday. Ao lidar com as interações entre cargas elétricas e campos magnéticos, nós estabelecemos um alicerce que não só fundamentou a física clássica como também foi a pedra angular para a revolução tecnológica. Sem as leis de Maxwell, por exemplo, a comunicação moderna, as energias renováveis e inúmeras inovações tecnológicas simplesmente não existiriam.

À medida que progredimos, nos deparamos com a aplicação de tais princípios no cotidiano. Como as ondas eletromagnéticas permeiam nossa vida — do simples acender de uma lâmpada a complexas comunicações via satélite. Nesse contexto, o eletromagnetismo se revela como uma ponte vital entre a teoria e a prática, conectando a física à biologia, à química e à engenharia. Portanto, reafirmamos que o conhecimento adquirido é um tesouro que não deve ser negligenciado, mas sim empregado em prol do progresso humano.

Darei ênfase especial à importância da clareza ao delinear as ideias discutidas, já que essa clareza facilitará a jornada do leitor em seus próprios estudos e experiências. A presença constante do eletromagnetismo em tecnologias como os smartphones e a ressonância magnética revela não apenas sua vitalidade no mundo moderno, mas as infinitas possibilidades que ainda estão por surgir.

É interessante notar que o conceito inicial do eletromagnetismo também inspirou estudiosos a se aventurarem em novas pesquisas interdisciplinares. A junção com a biotecnologia, por exemplo, abre perspectivas fascinantes sobre como campos eletromagnéticos podem influenciar processos biológicos, oferecendo soluções inovadoras na medicina. Ao fazer essa conexão, mostramos que o eletromagnetismo não é uma área isolada, mas sim uma parte crucial de um complexo inter-relacionamento que abarca o avanço científico.

Assim, ao encerrar nossa recapitulação, relembramos também o dever ético que envolve a exploração do conhecimento. O papel do cientista na sociedade não é apenas descobrir, mas também educar e inspirar, porque cada nova descoberta pode ter impactos profundos na vida das pessoas.

Então, convido você, leitor, a continuar explorando e aprofundando-se nos mistérios e maravilhas do eletromagnetismo. Que as ideias aqui delineadas floresçam dentro de você e inspirem novas investigações e questionamentos. No vasto oceano do conhecimento científico, há sempre novas ilhas a descobrir, aguardando aqueles que se atreverem a navegar.

O eletromagnetismo não é apenas uma disciplina científica; é uma plataforma poderosa para inovação e transformação. Quando olhamos para frente, é fascinante considerar como esse conhecimento fundamental pode abrir novas portas e moldar nosso futuro. A comunicação quântica, por exemplo, é um campo que está emergindo com grande potencial. Imagine um mundo onde a entrega de dados é instantânea, segura e praticamente invulnerável a interceptações. Os princípios do eletromagnetismo, combinados com descobertas na teoria quântica, prometem revolucionar a forma como nos conectamos, permitindo comunicações seguras e eficientes.

Além disso, as energias sustentáveis têm muito a ganhar com a pesquisa em eletromagnetismo. Já contemplamos um caminho promissor com turbinas eólicas que convertem o movimento do vento em eletricidade, mas o verdadeiro desafio reside em maximizar essa eficiência e integrá-la a sistemas de energia smart. Estamos em um ponto crítico onde o eletromagnetismo pode fornecer a base necessária para criar redes interdependentes que não só geram energia, mas garantem também seu uso equilibrado e responsável aos olhos do planeta.

Refletindo sobre o presente e vislumbrando o futuro, não podemos ignorar a necessidade de um compromisso ético. À medida que avançamos na exploração dessas tecnologias, precisamos estar conscientes da responsabilidade que carregamos. Cada nova descoberta que fazemos não deve apenas servir à inovação, mas também à construção de um mundo que se preocupe com o bem-estar coletivo. Os cientistas de hoje e de amanhã devem se engrossar nas discussões éticas sobre suas pesquisas e suas implicações sociais.

Neste sentido, a jornada não termina aqui. Cada um de nós é chamado a abraçar a curiosidade e o desejo de aprender. A estrada para o desconhecido é alimentada por perguntas que pedem respostas. Que cada leitura, cada experiência, seja um passo em direção a um entendimento mais profundo e, ao mesmo tempo, um alicerce para ações que farão a diferença no futuro — um futuro onde o conhecimento, aliado ao respeito pela ética e pela sociedade, ditará o modo como prosperamos.

Assim, ao fecharmos este capítulo, deixamos um convite no ar: que sejamos todos exploradores incansáveis neste vasto oceano de conhecimento e inovação. Que o eletromagnetismo, com sua riqueza de conceitos e aplicações, sirva como farol que nos guia, instigando a imaginação e a criatividade que selam nosso compromisso com um amanhã mais brilhante e sustentável. Que a curiosidade nunca cesse, pois ela é a espada afiada que desbrava o caminho da descoberta.

Este momento de encerramento traz à tona reflexões essenciais sobre a ética na pesquisa científica e a responsabilidade que cada um de nós carrega no avanço do conhecimento. O eletromagnetismo, como vimos ao longo deste livro, não é apenas um campo de estudo; ele é uma força que molda e transforma a forma como interagimos com o mundo. Ao considerar as enormes implicações de nossas descobertas, é imperativo que mantenhamos uma postura crítica e reflexiva sobre como esse poder é utilizado.

Dentre as diversas questões que merecem destaque, encontramos a privacidade e a segurança, aspectos que se tornam cada vez mais relevantes na era da informação. Com o avanço das tecnologias de comunicação baseadas em princípios eletromagnéticos, a vulnerabilidade da informação se torna um tema delicado. O que estamos dispostos a sacrificar em nome da conveniência tecnológica? É um dilema que deve nos fazer questionar se estamos, de fato, priorizando o bem-estar da sociedade ou se nos deixamos levar pela superficialidade do progresso.

Nos laboratórios e nas universidades, o desafio ético é permanente. Cada resultado de pesquisa pode abrir novas portas, mas também pode criar riscos. A pergunta que deve ecoar entre os cientistas é: "Estamos prontos para lidar com as consequências de nossas descobertas?" Para que o avanço do eletromagnetismo traga frutos positivos, é necessário que a ética ande de mãos dadas com a pesquisa. Não podemos agir como mera ferramentas, mas sim como guardiões do que descobrimos, prontos para transformar conhecimento em bem comum.

É importante também refletir sobre o papel da educação no cenário científico atual. Ao educar as novas gerações sobre a importância da ética e da responsabilidade social na ciência, estamos semeando um futuro mais consciente. Desde os primeiros passos da infância até as universidades, a formação de um cidadão crítico e responsável deve estar no centro de qualquer currículo acadêmico. É nesse contexto que o verdadeiro progresso se revela: quando a ciência é utilizada como uma força para o bem, respeitando o meio ambiente e as relações humanas.

Em última análise, a responsabilidade não pertence apenas a quem está em posição de influenciar diretamente a pesquisa, mas a todos nós. Cada um tem o poder de questionar, de se engajar em discussões e de exigir um uso responsável do conhecimento científico. A curiosidade deve ser acompanhada de respeito e empatia. Que a jornada em busca do saber nunca se distancie do compromisso ético e humanitário.

Portanto, neste encerramento, deixo um convite: que cada um de nós se torne um agente ativo em nossa própria jornada científica e ética. Que possamos nos lembrar sempre que o conhecimento, embora extraordinário, deve ser nutrido com responsabilidade e a determinação de causar um impacto positivo. O eletromagnetismo, em toda a sua complexidade, é um reflexo de nossa capacidade de entender, inovar e, principalmente, de cuidar uns dos outros e do mundo em que vivemos.

Que esta obra não seja apenas um ponto final, mas o começo de uma nova era de reflexão e ação para todos nós. Ao encerrarmos este capítulo, levemos conosco o compromisso de ser não apenas leitores, mas também praticantes de uma ciência que abraça a ética, promovendo um futuro melhor para toda a humanidade.

Ao nos aproximarmos do fechamento desta obra, é essencial ter em mente o convite à exploração contínua que o conhecimento proporciona. O eletromagnetismo, com sua complexidade e nuances, não é apenas um tema a ser estudado, mas um verdadeiro portal para inovações e descobertas que ainda estão por vir. A ciência é uma jornada muitas vezes imprevisível, repleta de perguntas que clamam por respostas e de ideias que aguardam para ganhar vida.

Neste espírito exploratório, convido você, leitor, a permanecer curioso, a não permitir que a rotina do dia a dia ofusque sua sede por aprender. Cada fragmento do conhecimento que absorvemos nos lança a novas aventuras, e o eletromagnetismo é um magnífico exemplo disso. Tenha sempre em mente que, assim como os cientistas que pavejaram o caminho antes de nós, cada um de nós pode se tornar um explorador autêntico — não só no campo acadêmico, mas em todas as facetas da vida.

Visualize como o eletromagnetismo conecta-se com outros domínios do saber, e como esse entrelaçamento pode inspirar soluções para problemas contemporâneos — desde as energias renováveis até os computadores quânticos. Ao almejarmos um futuro que respeite a ética e a responsabilidade, é fundamental discernir como as inovações científicas podem ser utilizadas para o bem coletivo.

Desse modo, ao encerrar este livro, lanço um desafio à sua curiosidade e criatividade: busque uma nova perspectiva sobre o que o eletromagnetismo pode nos reservar. Lembre-se de que, na trajetória da ciência, cada questão levantada é um passo a mais para desbravar os mistérios do universo. Cada descoberta traz consigo uma amalgama de responsabilidades, mas também um convite — a ação!

Lembre-se de que o futuro é construído por aqueles que têm a coragem de perguntar "por quê?" e "e se?", assim como por aqueles que se dedicam a encontrar as respostas. Que seu caminho seja repleto de questionamentos e descobertas, e que você nunca perca o entusiasmo por desvendar o que ainda é desconhecido. A jornada está longe de ser um fim, mas é, sem dúvida, uma continuação fluida de perguntas, anseios e avanços.

Assim, como um eco que ressoa através do tempo, mantenha viva a curiosidade e a determinação. O eletromagnetismo, em sua beleza e complexidade, é apenas o começo de uma busca que pode levar a muitos outros horizontes iluminados de conhecimento e inovação. Que sua exploração nunca cesse e que cada passo que você der seja uma ponte para um futuro mais radiante.

A jornada que você percorreu até aqui foi construída com dedicação e carinho, refletindo a beleza intrínseca do eletromagnetismo e sua indiscutível importância em nossas vidas. Ao longo desses capítulos, espero que você tenha descoberto não apenas os conceitos fundamentais, mas também a conexão vibrante entre a ciência e o cotidiano. O eletromagnetismo é um dos alicerces que sustentam nosso entendimento do universo, e nessa intersecção entre teoria e prática, encontram-se as chaves para inovações e mudanças significativas que podem moldar o futuro.

Neste livro, procurei apresentar de maneira acessível e envolvente como o eletromagnetismo permeia não apenas as complexidades da física, mas também as delícias da tecnologia que todos nós utilizamos. O convívio constante com histórias de cientistas que, através de suas descobertas, abriram portas para mundos novos, mostra-nos que a curiosidade é uma força poderosa, capaz de transformar ideias em realidades.

Convido você, leitor, a continuar explorando e questionando. Que o conhecimento adquirido aqui sirva como uma base sólida para suas futuras investigações e reflexões, instigando sua imaginação a vislumbrar o que ainda pode ser desvendado. Lembre-se sempre: a busca pelo saber é uma aventura que nunca termina. Ao interagir com a realidade que nos cerca, somos todos participantes dessa vasta jornada científica, e é a paixão pela descoberta que nos une neste caminho.

Agradeço por me acompanhar nesta trajetória de aprendizado e conhecimento. Que você possa iluminar o mundo ao seu redor com o entendimento e a curiosidade que o eletromagnetismo oferece.

Ezequias de Souza Ferraz Júnior

www.ingramcontent.com/pod-product-compliance
Lightning Source LLC
Chambersburg PA
CBHW071058240526
45471CB00016B/1991